PM2.5

宋元元 祝宏琳 / 编著

科技绘图 / 科研论文图 / 论文配图
设计与创作自学手册
CorelDRAW篇

清华大学出版社

北京

内 容 简 介

本书全面介绍科技图像领域常见的矢量图像软件 CorelDRAW 的使用方法。本书针对没有图像设计基础的入门级学生、对矢量软件不熟悉需要快速实现自己作图需求的科技工作者、有一定设计基础对科技图像感兴趣的从业者。作者以从业多年的经验，将软件按照科技领域图像的特征、从使用者的角度带领读者理解软件各个模块。本书将软件功能介绍与图像设计方法融合在一起，便于读者一边理解科技图像的创作一边理解CorelDRAW 软件的功能。

全书共分 3 部分：第 1 部分（第 1 章）为理论基础篇，着重介绍科技图像是什么样的图像，科技图像创作的思路以及常见的技术和方法，科技图像需要满足什么样的创作点；第 2 部分（第 2～7 章）为软件技能篇，将软件拆分为几个方面的模块来逐一介绍，采用技术示范的方式诠释相关工具及属性的应用，以应用带动理解，避免软件学习中的记忆负担，让软件学习进入理解层面可以快速被掌握；第 3 部分（第 8 章）为应用篇，通过几个方面的 CorelDRAW 使用实例，将前面几个章节中讲解过的 CorelDRAW 软件的使用方法在案例中组合起来融会贯通，在系统的案例中将软件使用的细节增补完善。

本书适合作为高等院校平面设计、视觉设计领域的课外读物，同时可作为需要提升完善自己科研论文写作水平的科技工作者和研究人员的参考书。

图书在版编目（CIP）数据

科技绘图 / 科研论文图 / 论文配图设计与创作自学手册 . CorelDRAW 篇 / 宋元元，祝宏琳编著 . —北京：清华大学出版社，2021.10

　　ISBN 978-7-302-58921-1

　　Ⅰ . ①科…　Ⅱ . ①宋…②祝…　Ⅲ . ①图形软件－手册　Ⅳ . ① TP391.41-62

中国版本图书馆 CIP 数据核字 (2021) 第 167153 号

责任编辑：陈绿春
封面设计：潘国文
责任校对：胡伟民
责任印制：曹婉颖

出版发行：清华大学出版社
　　　　　网　　　址：http://www.tup.com.cn，http://www.wqbook.com
　　　　　地　　　址：北京清华大学学研大厦 A 座　　　　　邮　　编：100084
　　　　　社 总 机：010-62770175　　　　　　　　　　　　邮　　购：010-83470235
　　　　　投稿与读者服务：010-62776969，c-service@tup.tsinghua.edu.cn
　　　　　质 量 反 馈：010-62772015，zhiliang@tup.tsinghua.edu.cn
印 装 者：小森印刷霸州有限公司
经　　销：全国新华书店
开　　本：188mm×260mm　　　　　印　　张：11　　　　字　　数：325 千字
版　　次：2021 年 11 月第 1 版　　　印　　次：2021 年 11 月第 1 次印刷
定　　价：88.00 元

产品编号：091922-01

序　1

对于科研工作者而言，在做出优秀科研成果的同时，将抽象、严肃的深奥知识，通过直观、形象的方式表现出来，找到有章可循的表达方式为自己的研究成果锦上添花十分重要，而科研图像就是这样一种表达方式。

随着计算机技术的飞速发展，越来越多的软件让设计和制作科研图像变得非常便利。本丛书为大家介绍了几种常用软件在绘制科研图像中的使用技巧及操作案例。

本书作者系统总结了自己十几年的科研绘图经验与心得，力求为更多的科技人员在科研绘图方面提供参照，实现作者一直坚持的信条——用唯美的艺术诠释科研。

这套丛书不完全是理论书，也不完全是工具书，而是将二者结合起来，介绍如何通过科技绘图讲好自己的科研故事，让更多的读者有兴趣了解自己的论文和科研成果。

书中文字精炼、修辞优美，配图饱含了对科学技术形象理性的解读。这些图片为抽象，晦涩的科学原理赋予了秩序与律动，让读者看到科学技术的艺术之美。

在意识形态上，科研工作者中不乏对艺术感兴趣之人，而且艺术本身也有其科学性的一面，这是让科研人员将科技论文形象表达并制作出美感的原始动力。

理论方法上，作者通过对美学研究的理论探索和对设计的丰富理解，列举了大量的实际案例，结合科研人员的习惯和所知所想，帮助科研人员对科技绘图设计进行更好的理解。

操作技术上，通过与专业的软件公司合作，作者从初学者的角度出发，由浅入深、由易到难地介绍了CoralDRAW，Maya，PSP等几种软件的操作技术。

本丛书丰富的案例凝结了作者对科学与艺术之间关系的独到见解。作者的经验和对各类工具的熟练利用，不仅是对科研人员的科技绘图具有指导作用，对科技绘图行业从业者也有实际参考价值。

随着时代的发展，无论是项目申请、奖项申报，还是工作汇报，让更多的人，包括大同行、评审专家、管理人员以及政府官员更加直观地了解科研工作的内涵，从而发挥基础科技更大的社会效果，是大势所趋，也是本书作者一直追求的目标。

本书既可以为专业设计人员提供参考，也可以帮助科研人员通过自学来讲好自己的研究故事，展示科技的魅力，让科学之光焕发艺术之美。

江桂斌

中国科学院院士

2021年秋于北京

序 2

　　Corel公司是最早进入图形图像领域的软件公司之一，也是世界顶级的软件公司之一。经过30多年的发展，公司的产品由原本单一的图形图像软件，逐渐延伸到更系统的软件解决方案，涉及矢量绘图与设计、数字自然绘画、数字影像、视频编辑、办公及文件管理、企业虚拟桌面、思维导图与可视化信息管理七大领域。

　　信息时代，软件已经成为重要的生产力，好的软件能够化将工作繁为简、化难为易，帮助各个行业提高工作效率，充分发挥劳动价值。好的软件生产者应该以优化软件性能，提高生产力为己任。

　　在Corel公司的软件产品中，CorelDRAW和Painter分别是矢量绘图和数字自然绘画领域的标杆产品；WinZip是世界上第一款基于图形界面的压缩工具软件；MindManager是最早出现且应用范围最广的思维导图与可视化信息管理软件。

　　Corel公司的软件在中国的应用领域非常广泛，随着软件版本的更新以及新软件类型的加入，原有教程已经无法满足使用者和学习者的需求，社会上对新版软件教程的出版呼声很高。为响应社会各界用户的需求，适应新时代发展的特点，Corel公司中国区近几年一直在精心筹备新版教程的编写和出版工作。

　　任何一款软件，让它真正"亮剑出鞘"，不仅要认识它的基础功能，更要了解它在行业中的应用技巧和具有行业属性的思维逻辑模型。在Corel公司软件产品几十年的应用和发展中，在各行各业积累了大量的优质用户，Corel专家委员会特地邀请了行业应用专家和业界高手来参与Corel官方标准教程的编写工作。他们不仅对软件本身有深入的了解，更具有多年的实践应用经验，使读者在系统掌握软件功能的同时，更能获得宝贵的实践经验和应用心得，让Corel系列软件为大家的工作和生活带来更大的价值。

　　本系列教程作为Corel官方认证培训计划下的标准教程，将覆盖Corel的主要应用软件，包括CorelDRAW、Painter、会声会影、PSP、MindManager等。

　　本系列教程具备系统、全面、软件技能与行业应用相结合的特点，必将成为优秀的行业应用工具及教育培训工具，希望能为软件应用和教育培训提供必要的帮助，也感谢广大用户多年来对Corel公司的支持。

　　本系列教程在策划和编写过程中，得到清华大学出版社的大力支持，在此深表谢意。

　　本系列教程虽经几次修改，但由于编者能力所限，不足之处在所难免，敬请专家读者批评指正。

张勇

Corel公司中国区经理

2021.9

前　言

CorelDRAW Graphics Suite（CDGS）是加拿大Corel公司出品的矢量图形制作工具集，其中CorelDRAW功能全面，直观易用，在科技图像设计领域可以完成很多综合性的任务，因此深受专业设计人员喜爱。

本书以CorelDRAW 2020为基础，分析讲解软件特性，适用于CorelDRAW不同版本。

本 书 特 性

1. 跳出软件讲软件

本书是CorelDRAW学习的工具书，不同于以往工具书的思路，本书中针对工具、菜单、属性的分析讲解是基于它们在以后项目使用中的方法，以及如何与相关指令配合解决某个方面的问题。对于能起到同样功能的命令、菜单、快捷方式，选用更符合科研习惯的方式，更贴近理工科思维。

2. 配套视频教学

本书提供配套的视频教学资源，方便读者多维度地理解软件与学习软件。

3. 循序渐进的学习方法

书中采用循序渐进的学习方法，将复杂任务拆分成小任务，通过一个个小案例、小目标，不知不觉完成与软件的磨合。

4. 内容有针对性，重视经验

书中会将具有连贯性的指令放在一起学习，不仅仅是了解一个单独的指令功能是什么，对软件中与科技图像相关的指令做了比较全面而系统的讲解，对一些科技图像领域不常见的指令弱化处理或者跳过，以免太多信息干扰学习思路。

5. 深入浅出，强化理解

科技图像与传统的艺术创作有很多差异，本书结合软件教学过程，穿插了科技图像设计与创作的思路与方式，对入门者、从业者均有很好的帮助。对于有一定软件基础的设计师，学习本书可以帮其准确把握科技图像创作领域的发展方向。

6. 资深专家撰写，经验技巧尽在其中

作者均系科技图像领域首批从业者，在行业深耕多年，创作了大量经典作品，培养了大量一线设计师，均为Corel 中国专家委员会委员。

　　本书的配套资源请用微信扫描下面的二维码进行下载，本书超值赠送科技绘图领域的各类资源共七大类别，容量超过45GB，请用微信扫描下面的二维码进行下载，如果在下载过程中碰到问题，请联系陈老师，联系邮箱chenlch@tup.tsinghua.edu.cn。

　　如果有技术性的问题，请用微信扫描下面的技术支持二维码，联系相关的技术人员进行解决。

本书配套资源　　　　　　　超值赠送素材　　　　　　　技术支持

作者

2021年7月

目　录

第1部分　理论基础篇

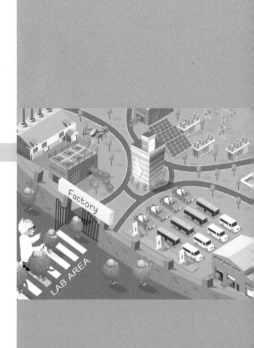

第2部分　软件技能篇

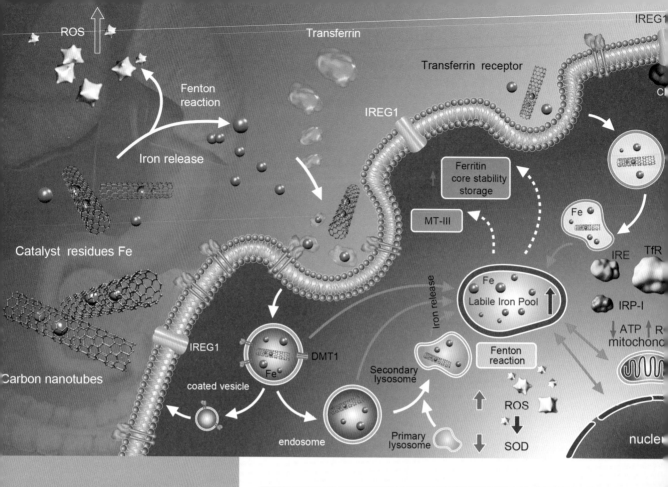

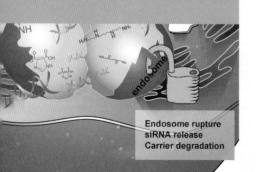

第5章 绘制工具的使用方法 / 69

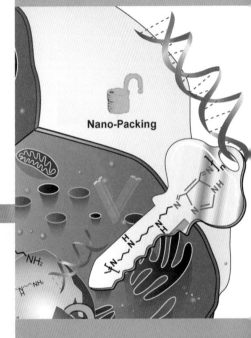

第6章 矢量图形的特效功能 / 91

第7章 文字工具 / 107

第3部分　应用篇

第8章　综合案例 / 125

第1部分
理论基础篇

第1章
科技图像与
CorelDRAW

本章学习目标:

- 学习并了解科技图像的背景和发展
- 学习并了解矢量软件在科技图像中的作用

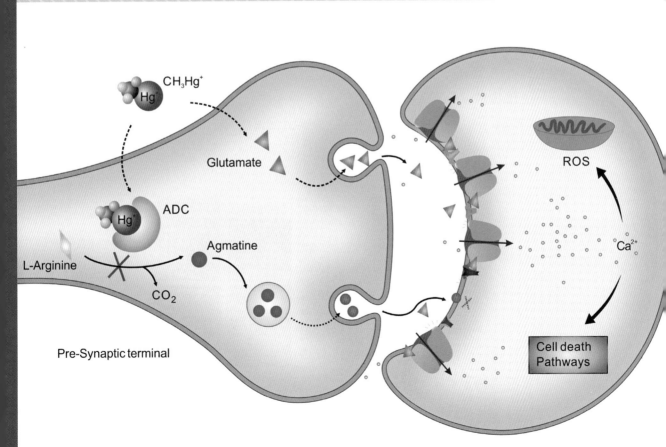

1.1 关于科技图像

科技图像是随着技术发展出现的跨界融合产物，在科学家工作的科技前沿，在科技的战场中，图像成为继文字之后科学家展现自己研究成果、在同行交流会议上分享讨论科研观点的一种方式；这种新兴事物在科研工作阵线上的隆重登场，为科学家的信息表述带来了便利性。

在过去的十年中，科技图像由一开始的萌芽状态快速发展到了多项技术融合的信息凝聚点。科技图像将科学的思路、科学的逻辑、科学的观念与计算机图形学技术、图像信息的艺术呈现交叉融合，产生了变化丰富层出不穷的科技时代的新型艺术形态。

在近些年的发展中，在科学领域和艺术领域共同的努力下，科技图像的形态逐渐清晰，形成了可以精准定位科技图像的功能准则和价值标准：

- 科技图像有功能性，不是纯粹追求视觉效果的作品
- 科技图像有审美属性，审美属性是科技图像功能的提升

1.1.1 科技图像的功能性

科技图像是与科研论文息息相关的图像，陈述论文的观点时，科学家将自己的阶段性研究汇总形成研究论文，并按照国际惯例以英文为基础语言进行提交，与此同时，提交协助文字语言呈现论文关注点的图像。表述特定的科研内容是科技图像的主要职能，基于这个职能，科技图像逐渐被划分为3种类型：

- 期刊封面图
- 论文摘要图
- 论文配图

期刊封面图：早期，期刊封面图采用固定版式，随着科技图像的发展，逐渐开始尝试选择优秀论文中具有特征性及代表性的图形图像来作为封面，电镜图、数据图都在期刊封面中充当过重要的角色。由扎根于科研逻辑、恪守科研结构发展到抽象的表现，艺术化视觉化的表现，期刊封面在短短的十几年经历了图像领域由写实到写意的过程。这个过程为期刊封面图带来了艺术发挥支点，诞生了基于科研的三维写实风，奇幻空间性的科幻风，写意的艺术表现甚至趣味性的卡通比喻风，中国风等等多元化的开阔的艺术形式，如图1-1所示。

2007~2013

2013~2020

图 1-1

论文摘要图：是与论文中的文字摘要配合出现，共同诠释论文信息的图，在期刊封面图中引经据典诠释的信息，在论文摘要图中需要回归到详尽的科学路线中，回归科学本质，将科学的理念、逻辑恰当地列举呈现，如图1-2所示。

An Adhesive Hydrogel with "Load-Sharing" Effect as Tissue Bandages for Drug and Cell Delivery

Jing Chen, Dong Wang, Long-Hai Wang, Wanjun Liu, Alan Chiu, Kaavian Shariati, Qingsheng Liu, Xi Wang, Zhe Zhong, James Webb, Robert E. Schwartz, Nikolaos Bouklas, Minglin Ma

2001628 | First Published: 18 September 2020

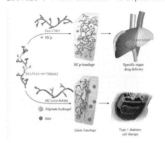

An adhesive hydrogel based on a "load-sharing" effect of triple hydrogen bonding clusters is reported. To demonstrate their potential applications, these adhesive hydrogels are engineered into internally applied tissue bandages for delivery of either antitumor drugs directly to the tumor site or insulin-producing cells to treat type 1 diabetes.

Abstract | Full text | PDF | References | Request permissions

图 1-2

论文配图：论文中的配图需要为读者更好地诠释论文的细节，论文中首张配图经常会在文章一开始详尽地刻画文章中的流程细节，就像进入论文的全貌地图，论文配图需要去挖掘论文中更多更深入的细节点在图像中呈现出来，而期刊封面图则需要舍弃掉细枝末节，聚焦到重点信息，如图1-3所示。

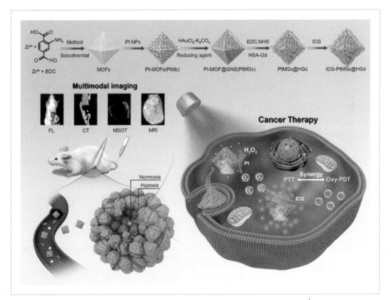

Scheme 1   Open in figure viewer | ⬇PowerPoint

Schematic illustration of the ICG-PtMGs@HGd nanoplatforms as H_2O_2-driven oxygenator for FL/MOST/CT/MRI multimodal imaging guided enhanced PDT and PTT synergistic therapy in a solid tumor.

图 1-3

同样是科学研究领域的图像，相比论文摘要图和论文配图，期刊封面图的邀约与录用是需要经过筛选的，是有竞争的。这就意味着图像创作伊始就需要在画面设计与图像构成中考虑到视觉冲击力、吸引力、空间等更多艺术因素，只有吸纳了更多的艺术性，用艺术的技法去参与竞争，才能在视觉竞赛中获得更多的胜算。

论文摘要图和论文配图是对论文内容信息的诠释，在有些期刊中会详细区分这两种不同的图像，在有些期刊中两者可以合并在一起使用。论文配图没有那么直接的竞争性，论文配图的优劣评判要看图像是否能帮助读者更好地消化论文的信息，图像是否能给出足够多的信息量，面对足够多的信息量又是否有足够的细节让读者轻松阅读，记忆深刻，如图1-4所示。

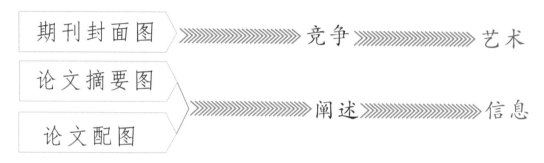

图 1-4

1.1.2 科技图像的审美属性

科技图像是容纳了"半瓶子"科学又装了"半瓶子"艺术的图像，在科学与艺术之间需要衡量一个很精准的刻度，而这个刻度是科学家和艺术家共同去寻找的一个平衡点。

1. 科技图像的审美属性需要打破理性

一张风景画可能源自于一道宜人的风景；一张怪力乱神的插画可能源自艺术家的梦境；一张静物小品可能源自午后的阳光，当这些对象触发了艺术家的灵感，就会产生了对情绪、对色彩、对光影的捕捉。艺术创作是有感而发的感性创作，感性创作才能将创作者的情绪与表达融入作品中。

科技图像的源发点是经过反复推敲的理性分析的科学结论。艺术是感性的，科学是理性的，科技图像在起点处是以理性开头的，理解科学信息的全貌、知道完整的故事，再将科学信息按照艺术的语法重组，无论是期刊封面图还是论文配图，图像的组织都需要跳出语言和科研推理的理性逻辑，如图1-5所示，左图中按照科学的习惯将分子和结构由平面提升到了立体，依据事实陈述了分子结构的功能和作用，右图中图像的讲述方法则从立意出发，扔掉分子结构本身，引用了更加形象的比喻手段阐述研究意义。

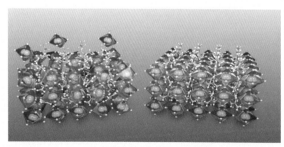

图 1-5

科技绘图|科研论文图|论文配图设计与创作自学手册：CorelDRAW篇

4

对比两张图，显然右图给出的信息更加完善，读者更容易从图中看到科学家的创意点，所以，科技图像的审美要从图像的整体性出发，通过感受传递出更深层次的信息。

2. 工具带来的审美

计算机图形学的发展为艺术领域提供了全新的创作手段，也为科研领域提供了大量的工具，科技图像的快速发展与计算机图形学工具的发展密不可分。基于电子设备的图像处理让原本虚构的图像得以实现，图像的反复修改，针对图像画面上的反复实验使获得尝试性的效果更加容易实现。

计算机图形图像工具为艺术创作领域提供了无限可能性，各种艺术创作不需要被工具束缚，只需要与鼠标足够默契。在科技图像领域，工具为科技图像带来了质感之美，精致之美。

质感之美

三维软件为科技图像提供了大量的结构形素材，三维对结构的塑造是基于科学的，但是三维对材质的渲染往往是基于美感的，在科技图像中即便是结构相同，渲染的质感也会为画面的审美带来很大的不同，如图1-6所示，同样结构的图像，左图中的质感和光感稍有欠缺，画面感觉直白，右图中结构质感提升之后画面上的美感顿时提升。

图 1-6

科学的图像没有那么多常见的艺术人文情怀，审美的情绪需要寻找巧妙的寄托点。

精致之美

科技图像很多时候是三维软件与二维软件合作的产物，二维软件如CorelDRAW为图像高品质合成提供了保障，在图像合成过程中元素的质量、文字的大小、线段的精细度等会呈现出工整、精致、干净的画面。

在特定情况下，在画面信息构建合理、画面元素精致、结构错落有致的图像中，即便是没有三维结构的参与，依然可以得到符合视觉审美的高品质图像。例如，常见的生物信息图经常是以纯二维的形式出现，如图1-7所示。

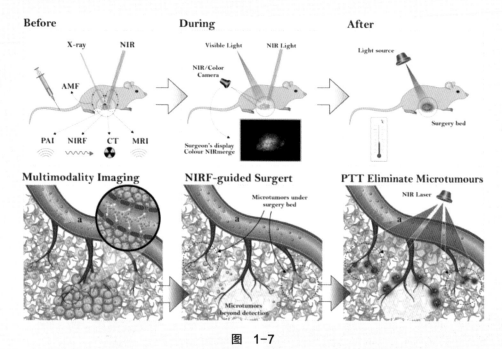

图　1-7

3. 科技图像的审美需要以内容为制衡点

在传统写实的艺术创作中，一味真实堪比照片的写实艺术追求的极致是以假乱真；在抽象艺术中追求的极致是情绪的释放。科技图像是讲述科学信息的图像，无论图像中的结构制作手段多么高超，最终图像不能呈现出合理的信息就不是称职的科技图像。科技图像的审美离不开图像的内容信息，在内容信息构建的过程中要不断围绕内容进行配比调控，如图1-8所示，左图与右图的元素相差无几，左图在图像信息表述方面混乱不清，图像看起来达不到审美的诉求，相较而言，右图中信息清晰准确，图像看起来沉稳端正。

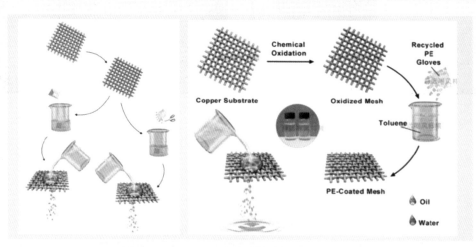

图　1-8

科技绘图[科研论文图]论文配图设计与创作自学手册：CorelDRAW篇

4. 科技图像的审美由谁来评判?

科技论文撰写完成之后向期刊出版社投稿,期刊出版社以自己期刊的标准来把控对论文的质量要求,对图像的质量要求,对封面图像的择选,从表面上看科技图像首先需要满足的是期刊的审美标准。

期刊的审美并不是科技图像的终极诉求。科技论文需要在全球的科学家中传阅、交流、讨论、为后续的科学研究奠定基础,在不同语言、不同国度中,图像的审美要面对的是更多阅读者的感观,是否有吸引力、是否有效起到信息交流传递的效果,这是科技图像隐性的审美评断,也是科技图像最为关键的评断标准。

1.2 CorelDRAW在科技图像中的优势

如果将科技图像比作美味佳肴,那么三维结构是重要的配菜、备菜过程,最后呈上来的菜品是否色香味俱全,与烹饪过程中的每个环节都有关系。围绕科学内容这个主题进行烹饪的过程是在三维软件中对各个不同来源素材不断调整,对图像结构不断梳理和不断优化的过程。

在工具学习方面,三维软件(Autodesk Maya、Autodesk 3ds Max)是比二维软件(CorelDRAW、Photoshop)操作复杂的软件,学习周期更长。但是,三维软件并不是二维软件的升级,在科技图像领域,二维软件的作用不可取代。

1.2.1 矢量图像在信息表述方面的先天优势

期刊封面是需要情绪,需要画面感的图像,在期刊封面图中文字信息的出现会相对较少,甚至尽可能地让文字不要出现。论文摘要图和论文配图中,要挖掘呈现大量的信息,呈现研究的缜密逻辑,文字、标注、箭头是必不可少的。

在CorelDRAW中处理好文字及箭头,处理好矢量线段的精致感,矢量文字的精细度,图像最终呈现出来的精致感就会有基础保障。

CorelDRAW不仅可以辅助三维结构标注信息,在特定的信息呈现需求中,二维图像呈现出来的画面比三维更有表现力,如图1-9所示,左侧三维结构图中,在有立体空间感的结构上标注文字和信息,结构的形

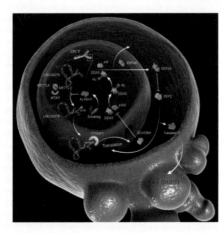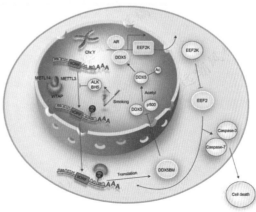

图 1-9

象因为内容的区分很容易混杂；右图将其转化为二维矢量图并将背景信息简化处理，给了文字信息和科学信息更好的展现空间。

1.2.2　CorelDRAW的图像合成决定了来自三维元素的最终质地

CorelDRAW是综合性的图像软件，针对科技图像的需求，CorelDRAW的图像合成可以将来自不同领域的图像元素高质量地结合，如图1-10所示。

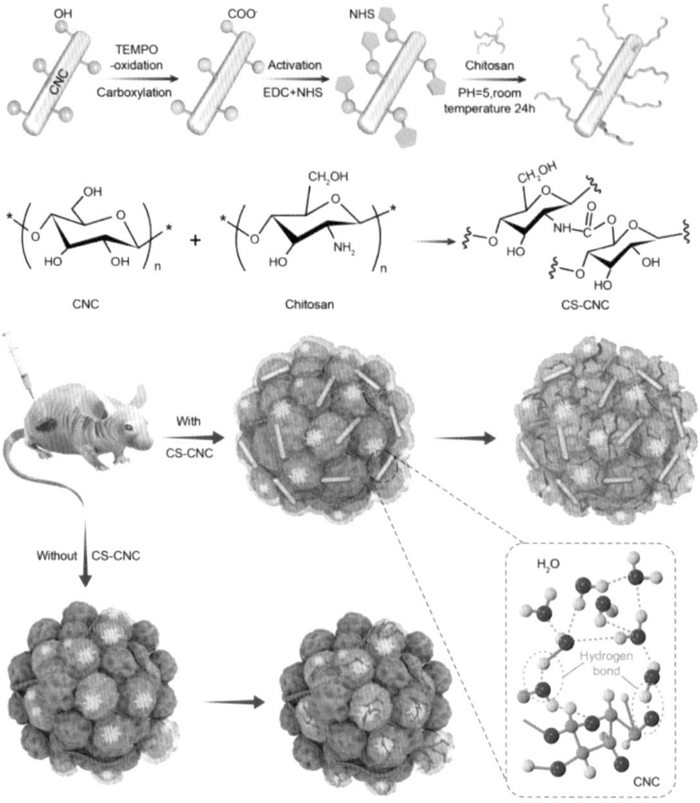

图　1-10

CorelDRAW在矢量图形绘制领域为绘画功底好的专业从业者提供了更开阔的空间，又为没有绘画功底，或者绘画功底不足的用户提供了大量可以依赖的图像变通方法。

在本书后续章节的学习中，可以看到各种借助软件的功能"投机取巧"的技能，这些技能的示范一方面为基础学员或者理工科背景的科研工作者提供入门级学习的阶梯，另外一方面在这些案例中需要大家去观摩了解科技图像中图像构建的方法，在学习中理解如何拿捏科学内容与绘制技术之间的关系，如何根据科研内容来权衡取舍，考虑科学信息和画面信息的"精准"配比。

第2部分
软件技能篇

第2章
CorelDRAW基础操作

本章学习目标:

- 认识并熟悉CorelDRAW软件的界面
- 了解CorelDRAW中的规则与特性
- 了解CorelDRAW中的基础操作方式

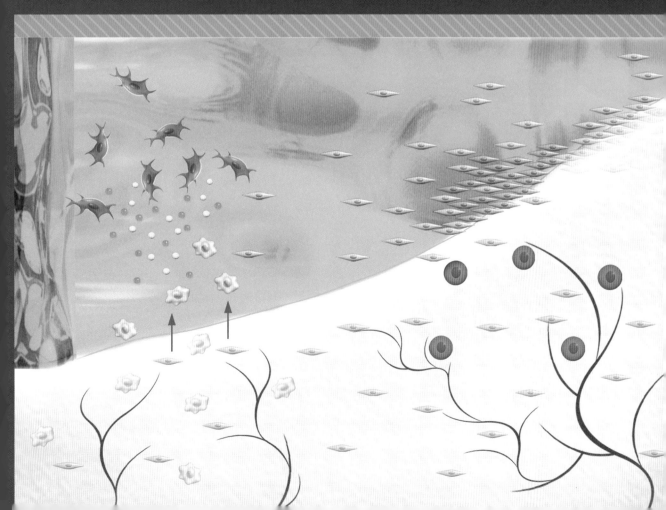

2.1 文档操作

文档是CorelDRAW中图像和文字的主要承载体，下面介绍文档的常见操作。

2.1.1 创建新文档与打开文档

开始图像绘制之前需要创建新画布，在CorelDRAW中，创建新画布的方式有多种。

■ **方法一**：从欢迎屏幕中创建（见图2-1）。启动软件，单击欢迎屏幕上的 ▢ 图标创建新文档。

图　2-1

■ **方法二**：快捷图标创建。在软件使用过程中，单击快捷区的 🗋 图标，创建新文档，如图2-2所示。

图　2-2

■ **方法三**：菜单创建。选择【文件】|【新建】命令，如图2-3所示。

创建新文档之后，会弹出"创建新文档"对话框，请注意对话框中的参数设置，如图2-4所示。

图 2-3

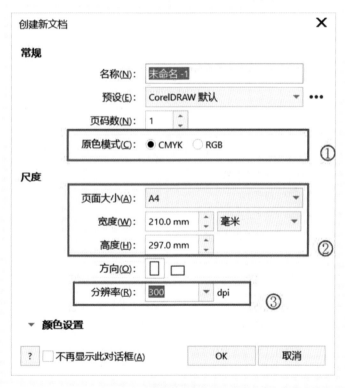

图 2-4

与图像质量相关的参数

➢ **原色模式:** 在不同软件中也会被称为色彩模式、颜色模式,常见的模式有:CMYK、RGB、灰度。

CMYK是常见的印刷模式,当制作的图像最终需要应用于印刷时,CMYK模式可以让图像与最终印刷品的效果最为接近，便于设计师选择适当的色彩。RGB模式常用于电子产品显示，当图像最终在电子产品终端呈现如电视屏幕、电脑屏幕、手机屏幕等时，RGB模式的色彩呈现更加鲜艳明亮。

➤ **尺度：** 数字图像中图像尺寸和分辨率共同限定了图像的质量，页面大小不仅限定图像质量还会导致图像构图方式发生变化。在开始着手制作图像之前，先检查期刊投稿对图像的要求中是否有页面大小的要求，以及具体尺寸参数，根据目标尺寸设置页面大小。

➤ **分辨率：** 分辨率是数字图像中用来呈现图像的点阵数量，分辨率高低会影响图像的精致程度。常见的分辨率为300dpi，封面图像可能要求600dpi，分辨率并不是越高越好，分辨率过高会导致文件过大，反而显示不清楚。

2.1.2　保存文档与导出文档

在图像软件使用过程中，不仅需要保存图像画面，还需要注意保存图像工程文件。图像工程文件中，会保留制作过程中的图层，以便后续图像制作过程中再次进行编辑。

在软件快捷区中单击保存🖫图标，直接保存当前文件，如图2-5所示。

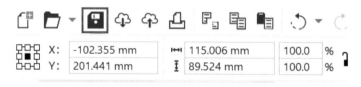

图　2-5

或者选择菜单【文件】|【保存】命令，保存当前文件，如图2-6所示。

图　2-6

选择菜单【文件】|【另存为】命令，则为文件重新选择存储位置，重新设置文件名称。

在展开的选项卡中，单击"保存类型"选项，可以看到各种各样的图像格式，如图2-7所示。

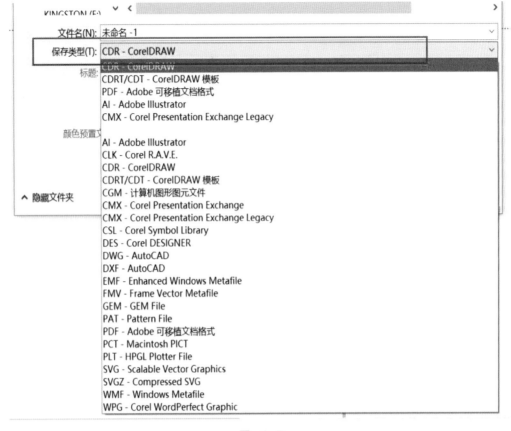

图 2-7

"保存类型"中的图像格式主要针对不同领域的图像编辑需求，在科技图像领域不需要对每种图像格式面面俱到的熟悉，只需要注意区分工程文件格式与图像文件格式，熟悉科技图像领域常见的几种图像格式即可。

工程文件格式和图像文件格式的区别：

➤ **工程文件：** 需要有对应的图像软件才能打开查看或者再次编辑的格式，例如：CDR格式需要用CorelDRAW才能打开。工程文件中包括图像的图层和矢量线段，可以重新进行编辑调整。常见工程文件格式有：CDR格式，CorelDRAW工程文件；AI格式，Adobe Illustrator工程文件；PSD格式，Adobe Photoshop工程文件。

➤ **图像文件：** 可以直接打开预览图像的格式，不包括图层，无法再次编辑。常见图像文件格式有：JPG格式，常规的不带透明通道的，有压缩的图像格式；PNG格式，带透明通道的无压缩图像格式，常用于网络图像，PPT图像元素；TIFF格式，无压缩的图像格式，常用于出版印刷领域；PDF格式，无压缩，可带透明通道图层的图像格式，常用于网络出版领域。

在"存储"和"另存为"的"保存类型"中没有图像文件，在CorelDRAW中，要获得相关的图像文件格式需要通过"导出"命令来获得，可以选择【文件】|【导出】命令或者【文件】|【导出为】命令获得图像文件，如图2-8所示。

图 2-8

2.1.3　导入图像

在CorelDRAW中除了使用软件中相关工具进行图像绘制之外，还可以引入其他图像元素与软件中绘制的元素一起进行编辑整合，选择【文件】|【导入】命令可以导入其他图像格式文件，如图2-9所示。

图 2-9

选择【导入】命令之后，在弹出的文件窗口中单击要导入文档的图像，画布上的鼠标会变成卡尺样的图标，用卡尺图标在画布上拖曳出一个区域，松开鼠标之后，可以看到导入图像呈现在这个区域中，如图2-10所示。

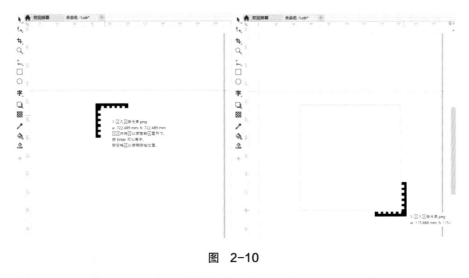

图 2-10

导入的图像元素可以进一步调整尺寸，旋转角度，甚至调整色彩。科技图像经常需要来自三维的图像元素与二维的元素相互配合形成最终图像。

2.1.4 软件版本

图像工程文件存储不仅要注意文件格式，还需要注意图像版本。自己本地存储的文件，再次用同样版本打开，不会遇到版本问题，如果是与别人的文件交互，或者软件重装可能会遇到版本不同，打不开文件的情况。如果因为软件版本造成工程文件无法打开编辑，可以降低软件版本，如图2-11所示，在"保存绘图"对话框中的"版本"下拉列表中选择软件早期版本之后再保存文件，可以将新版本软件制作的图像存储为旧版本能打开的工程文件。

图 2-11

2.2 画布常规操作

在纸上绘制图像需要移动画笔和纸张，在软件中绘制图像时同样需要调整画笔和画布，在电脑的虚拟绘画中，要绘制足够精准的图像，标尺等辅助工具是必不可少的。

2.2.1 熟悉软件界面分布

创建好文档进入软件之后，我们一起来看下软件内的界面分布情况。CorelDRAW与其他二维软件一样采用环绕式的布局，中心区域是操作的主要区域画布区，周围环绕分布其他功能区，如图2-12所示。

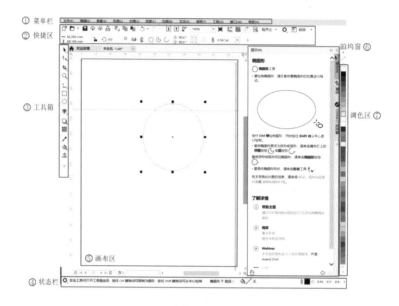

图　2-12

① 菜单栏。收纳各项重要菜单选项卡，菜单中下拉菜单的功能将在后续章节中逐项学习。

② 快捷区。设置了方便操作的快捷图标，在工具箱中选择不同的工具，快捷区会切换为对应的操作。

③ 工具箱。放置了CorelDRAW图像绘制的常用工具。

④ 状态栏。为软件操作提供辅助提示，状态栏默认提示工具使用细节，单击状态栏前方的设置✿图标，可以按照喜好选择提示工具的具体使用方法，可以将提示切换为对象细节或者光标坐标，如图2-13所示。

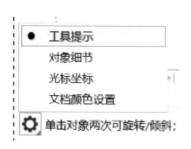

图　2-13

⑤ 画布区。是绘制和操作的主要区域，CorelDRAW的画布区是虚拟的，设置了图像的尺寸之后，在画布区会出现图像绘制超出画布区限定范围的情况，最终导出图像时，会以图像最外层边缘为界限导出图像。

⑥ 泊坞窗。使相关工具更加完整的属性调整区，在泊坞窗区中单击不同选项卡，可以切换进入不同功能面板。

⑦ 调色区。主要呈现的方式是块状色彩，单击调色区的滑块上下调整获得更多色卡 ∨ 以及展开侧栏色卡 ≫ 可以进行更多设置。色彩是图像构成的关键部分，调色在后续章节中会反复提及，给大家展示更多的使用技巧。

2.2.2 制图过程中常用的画布操作

软件中的画布就像一张纸，在绘画过程中无论从纸的一端画到另外一端，还是从纸面上一个细节画到另外一个细节，在画布上反复游走，熟练控制视角切换，进入细节和观摩全景会让绘制者更容易在画面中获得掌控感。

软件中虚拟画布与现实中纸张的区别是：第一，现实中的纸张画错了不能重来，虚拟画布可以撤销可以重来。第二，虚拟画布可以无限放大，尤其是矢量软件中。在画布操作中首先熟悉的是画布的平移与缩放，在工具箱中单击放大镜图标 ∢，展开放大镜图标下面的小三角图标，如图2-14所示，图标下有缩放与平移工具，可以单击进行切换。

图 2-14

快捷区中有按照比例调整画面大小的参数调整方式，可以更准确地控制画面呈现的状态，如图2-15所示。

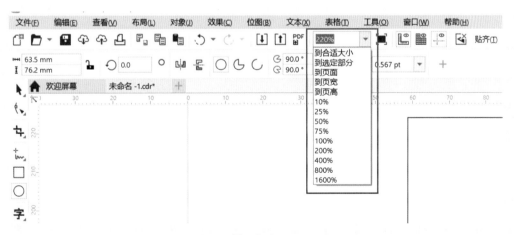

图 2-15

"到合适大小"：将画布中所有图像元素绘制的区域整体呈现在窗口中。

"到选定部分"：单击画布上任意图像元素，选择"到选定部分"选项，窗口将切换到该元素正好处于视图中间，且放大程度占满视窗的状态。

2.2.3 标尺与辅助线

1. 标尺

在快捷区中，单击标尺 图标，开启标尺可见功能之后，在画布顶部和左侧会出现L型标尺，如图2-16所示，当画面中标尺不用的时候，可以再次单击标尺图标将其隐藏，如图2-17所示。

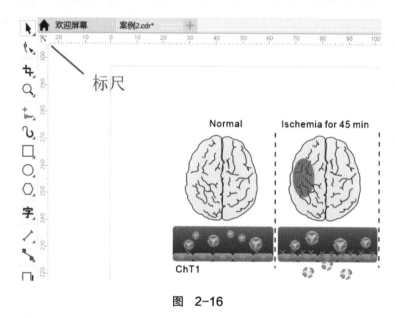

图　2-16

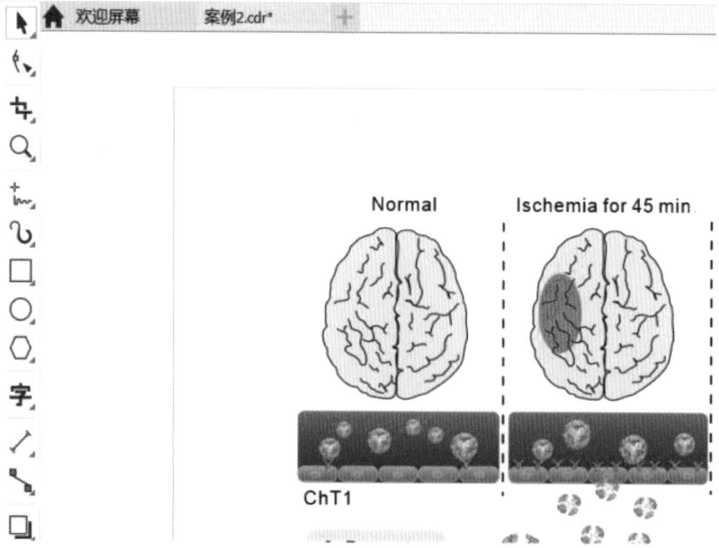

图　2-17

科技绘图·科研论文图·论文配图设计与创作自学手册：CorelDRAW篇

2．辅助线

在图像排版与画面上的科学信息安置过程中，标尺与辅助线的使用会让画面的工整度更高，更符合理工科精准的理性美，如图2-18所示。

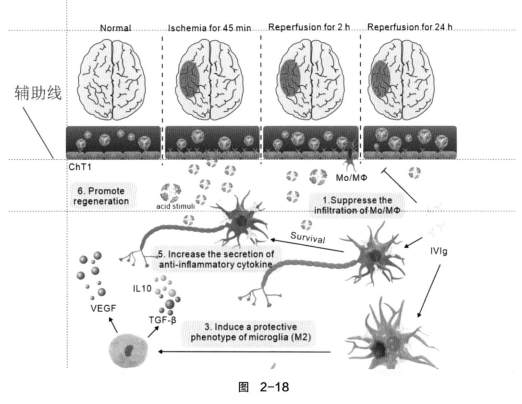

图 2-18

标尺功能和辅助线功能同时启用的界面状态如图2-19所示。

图 2-19

用鼠标贴近标尺边缘向画布中拖曳，可以拖曳出一条虚线，分别从标尺上缘和左侧拖曳，可以在画布上拉出横向、竖向虚线。辅助线是在画面上可以移动，可以增减的虚线，辅助线不会被导出，不会出现在导出之后的图像上。

辅助线使用完之后，可以再次单击快捷区辅助线功能图标将其隐藏。

2.3 元素对象的管理与操作

无论二维软件还是三维软件，在软件中绘制的图像元素都需要通过图层进行管理，科学合理地分配图层会让后续的修改调整工作更加轻松。

2.3.1 认识对象管理器

1. 对象管理器中的图层管理

在泊坞窗的"对象"选项卡中以图层的方式管理汇总所有画布上绘制的元素，CorelDRAW中所绘制的每一个元素都会自动生成一个子图层，如果要对画布上元素进行分组管理，需要手动单击最下方"新建图层"，如图2-20所示。

2. 对象管理器中的可见管理

在对象管理器中每个图层后面都有三个小图标 ⊚ 🔒 🖨，分别代表"图层可见""图层锁定"和"图层是否输出"，如图2-21所示。

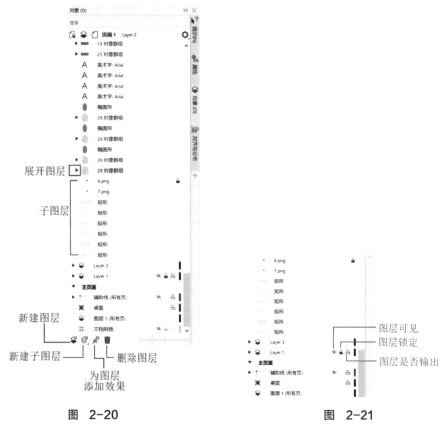

图 2-20　　　　　　　　　　　图 2-21

- **图层可见** 控制图层或者子图层在画布上是否可见，当图层可见图标呈 ⊚ 状态时，画布上的元素被关闭，当图层可见图标呈 ◉ 状态时，画布上元素正常可见。

- **图层锁定** 默认为开启 🔒 状态，在图像绘制过程中，元素层级太多，有些元素拖曳会影响底层元素时，可以单击🔒图标将该图层锁定，在画布上的拖曳移动就不会影响到该图层中的元素了。

■ **图层输出开关** 呈现关闭状态🔒时在画布上可以看到图像元素，导出图像之后，在画面上并没有该图层中的元素出现，即不会被输出。当图层呈现🔒时开启输出，软件画布上可以看到该图像元素，在导出图像中也可以看到该图层的元素。该属性常用于导入画布的参考图，或者在画布上绘制的辅导性草稿图。

3. 调整可见与锁定的快捷方式

图像绘制过程中可能会产生很多图层，在对象选项卡中逐个翻找图层比较麻烦，可以在画布上直接单击选中图像元素，右击，在弹出的快捷菜单中选择可见或者隐藏，锁定或者解锁，如图2-22所示。

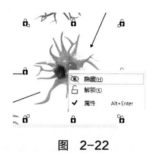

图 2-22

2.3.2 图层调整方式

在画布上选中目标元素，右击，在弹出的快捷菜单中选择【顺序】|【到页面前面】命令可以将当前元素直接调整到图层最顶端，选择【顺序】|【到页面背面】命令可将选定元素调换到页面背面即画布最下面一层，如图2-23所示。

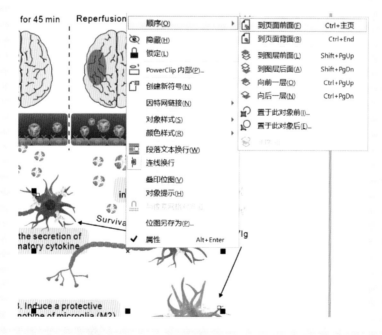

图 2-23

选择【顺序】|【置于此对象前】命令可以将鼠标变成小箭头，用小箭头选中要更换位置的元素，可以将当前选定的图像元素一键调整到箭头选中元素上面一层，正好形成遮挡关系。选择【顺序】|【置于此对象后】命令正好相反，用该命令可以将当前选择的图像元素调整到箭头选中的元素后面一层。

　　以上内容是进入CorelDRAW的图像绘制工作之前需要了解的基础功能和具有通用性的操作，在后续章节中将学习软件更多工具技能与操作方法，会逐项熟悉了解CorelDRAW各项功能，本章是日常操作中最常用到的基本功能，也是科技图像绘制过程中需要熟记的重要基础环节。

第3章
巧用基础绘图工具
获得常见科研结构

本章学习目标:

- 以基础图形工具为起点学习工具箱的使用

- 与基础图形工具相关的快捷操作

- 对基础图形工具创作有帮助的菜单指令

3.1 以间皮细胞为例来看基础矩形工具的使用方法

软件学习中，初学者往往关注新、奇、异的功能，而忽视基本功能。其实对很多软件而言，基础功能才是构建图形完善创意的根基，下面先从常见的基础工具开始学习。

3.1.1 认识工具箱

CorelDRAW工具箱中存放着绘制工作中所需要的主要工具，根据工具使用性质，工具箱可以划分为几个区域，如图3-1所示，初学者对工具感觉眼花缭乱担心记不住时，可以按照功能分区来寻找。

工具箱中每个工具右下方的小三角◢表示此处有多个工具集合，长按当前工具，或者单击小三角展开，可以看到更多的工具。每个工具的具体使用方法会在后续章节结合案例进行学习。

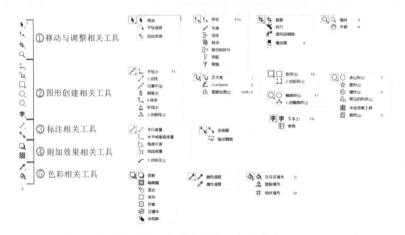

图 3-1

除了工具箱中已经呈现出来的工具之外，单击工具箱最下方的 + 可以为当前工具箱增加工具，或者按照自己的使用习惯关闭一些不常用的工具，如图3-2所示。

图 3-2

3.1.2 案例：用基础图形创建间皮细胞

间皮细胞是在血管壁上整齐排列的细胞，在科技图像中常见画法是工整、并列堆积的方式，如图3-3所示，用矩形调整合适的倒角来构成间皮细胞是最简单的方法。

图 3-3

接下来以间皮细胞制作方法为例，一边学习CorelDRAW基础操作，一边学习基础结构制作思路。

步骤1：新建画布，用"矩形"工具□在画布上创建矩形，如图3-4所示。

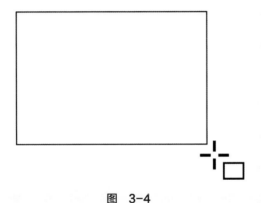

图 3-4

步骤2：选中工具箱中的"形状"工具✎，从矩形顶角向中心拖曳，如图3-5所示，将矩形调整为倒角矩形。

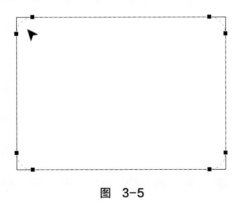

图 3-5

步骤3：调整好结构比例及倒角的形状如图3-6所示。这个结构已经大致符合我们的目标，剩下的部分需要用色彩来配合。

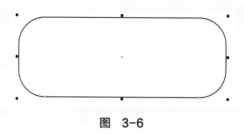

图 3-6

步骤4：在调色区中单击，为矩形填充颜色，选择另外一个色彩右击为结构增加描边色，如图3-7所示。

图 3-7

步骤5：在泊坞窗的"属性"选项卡里将填充切换为渐变色，如图3-8所示。色彩属性调整方式详见第四章。

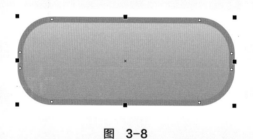

图 3-8

步骤6：调整好渐变色之后，用工具箱中的"椭圆形"工具○绘制椭圆，如图3-9所示。

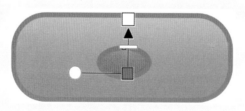

图 3-9

3.1.3 基础矩形结构知识点

软件知识点一：矩形创建方法

选中工具箱中的"矩形"工具□，鼠标会变成矩形工具绘制图标，在画面上以对角线的方式拖曳绘制矩形。绘制完成之后松开鼠标，矩形四周会出现可调整的点，可以对所绘制的矩形结构进行进一步的调整，如图3-10所示。

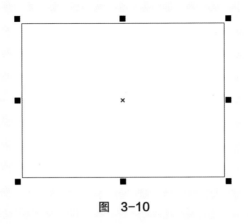

图 3-10

软件知识点二：矩形调整方法

1. 大小调整。选择工具箱中的"挑选"工具 ![]，在画布上单击，激活元素对象之后，将鼠标放置在调整小方块上，可以上下调整矩形高度，如图3-11所示。将鼠标放在左右两边的小方块上可以改变矩形左右的宽度，如图3-12所示。

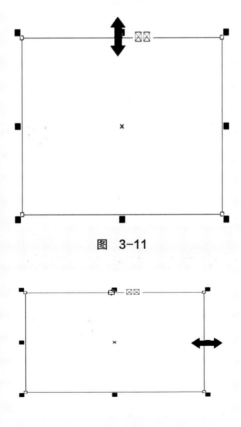

图 3-11

图 3-12

2. 变形调整。用"挑选"工具 ![] 单击控制器中心的 ×，或者控制器四周任意一个黑色方块，控制器周围的控制点会变为旋转和推移的调整方式，如图3-13所示。将鼠标放在顶部双箭头控制区的 ↔ 位置，左右推移可以将矩形斜边平行推移调整为平行四边形，如图3-14所示。

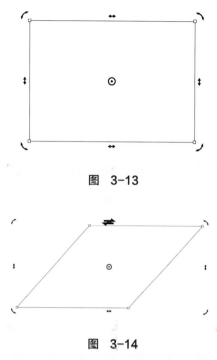

图 3-13

图 3-14

3. 旋转调整。将鼠标移到任意一个顶角 ↘ 位置，顶角会出现可旋转图标↻，如图3-15所示，按住鼠标左键不放，向左右推移，矩形可以以中心点为圆心 ⊙ ，以顶角为半径旋转，如图3-16所示。

图 3-15

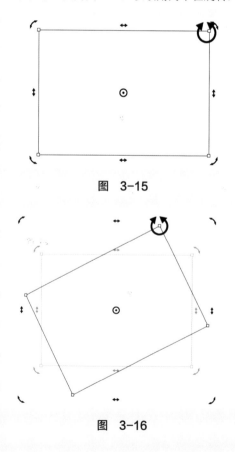

图 3-16

软件知识点三：倒角调整方法

用"形状"工具 在矩形顶角拖曳，四周会同步出现倒角调整图标，控制拖曳程度可以获得不同程度的倒角矩形。在顶部快捷区，可以看到倒角形状调整方式有三种，如图3-17所示。

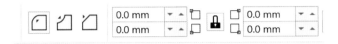

图　3-17

默认倒角形态是外圆角，当制作过程中需要其他形态时，可以单击切换到内圆角或者平角倒角方式，如图3-18所示。

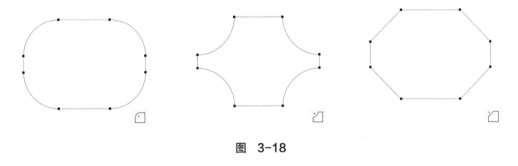

图　3-18

3.2　以脂质体膜来看其他基础图形工具的使用方法

除了基础的矩形结构之外，基础椭圆形工具在科技图像中起到的作用也不容小觑，下面来学习基础椭圆形工具的使用。

3.2.1　案例：用椭圆形工具制作磷脂分子

步骤1：选择"椭圆形"工具 ，按住键盘上Shift键的同时在画布上拖曳出一个正圆形，如图3-19所示。

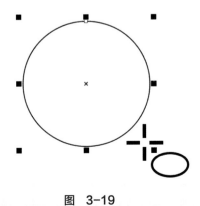

图　3-19

步骤2：在泊坞窗的"属性"选项卡中单击填充图标，然后切换到渐变填充，默认的渐变填充是黑白渐变。要制作配合球形的渐变效果不仅需要修改颜色，还需要修改渐变的位置以及渐变的类型，如图3-20所示。

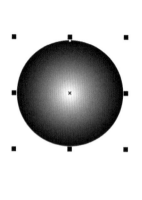
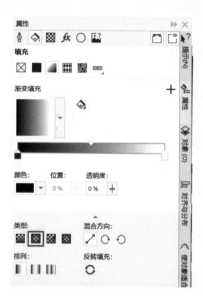

图　3-20

步骤3：分别调整渐变两端色管■的颜色，并用"交互式填充"工具◈改变画面上渐变起始点的位置。自然界常规的受光来自于太阳天光，将向心的高光点调整到圆形斜上方的位置，从视觉效果上会比在球体正中间看起来更像球，更具有体量感，如图3-21所示。

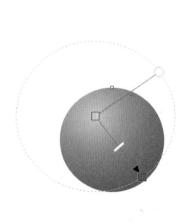
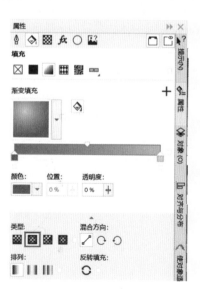

图　3-21

步骤4：完成之后，选择工具箱中的"手绘"工具 ⁺ᵐ，为圆球增加两个小链端，如图3-22所示。

步骤5：在工具箱中选择"挑选"工具 ，在画布上框选所有元素，如图3-23所示。

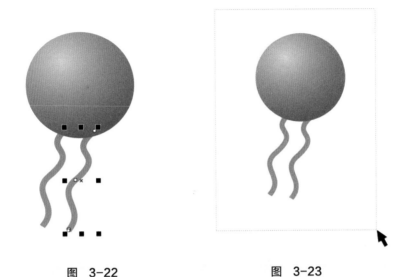

图　3-22　　　　　　　　图　3-23

步骤6：框选之后，在所选择对象上右击，在弹出的快捷菜单中选择"组合"命令，将元素组成群组，如图3-24所示。

步骤7：复制群组对象，将复制结构镜像之后，调整位置，如图3-25所示。

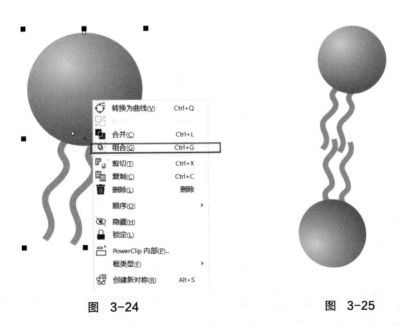

图　3-24　　　　　　　　图　3-25

步骤8：两个结构调整好位置之后组成群组。在画布上绘制一个新的圆形，如图3-26所示。

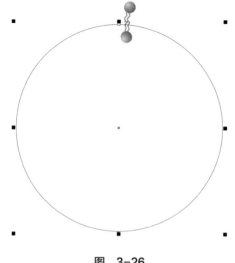

图　3-26

步骤9：在菜单中选择【对象】|【使对象适合路径】命令，如图3-27所示。在泊坞窗中选择"使对象适合路径"选项卡，在选项卡中设置在路径结构上复制对象的数量及方法，如图3-28所示。

使对象适合路径	≫

对象：：

选定部分：	已选定 1 个对象
来源：：	☐ 保留原件
输出：：	☑ 为所有对象分组
重复：：	40

路径：：

使用的对象：：	椭圆形
子路径：：	☑ 视为邻接

对象定位：：

顺序：：	选择：选择顺序
分布：：	统一对象间距
参考：：	旋转中心
原始：：	

旋转：：

自动旋转：：	☑ 跟随路径
重置：：	☐ 忽略初始旋转

修改旋转：：

样式：	标准
起始角度：：	0.0
旋转角度	360.0
旋转	1.0
范围	15.0
方向：	☑ 顺时针

应用

对象(J)	效果(C)	位图(B)	文本(X)	表

创建(T)	▶
插入(I)	▶
PowerClip(W)	▶
对称(S)	▶
符号(Y)	▶
翻转(V)	▶
清除变换(M)	
复制效果(Y)	▶
克隆效果(F)	▶
清除效果	
对齐与分布(A)	▶
使对象适合路径	
顺序(O)	▶
组合(G)	▶
隐藏(H)	▶
锁定(L)	▶

图　3-27　　　　　　　　　　　　图　3-28

步骤10：单击泊坞窗中"使对象适合路径"选项卡最下方的"应用"按钮，可以获得如图3-29所示的结构。

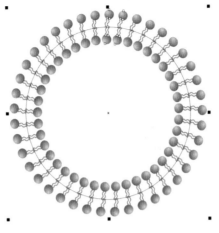

图 3-29

步骤11：为路径设置描边与填色，可以获得如图3-30所示的结构。

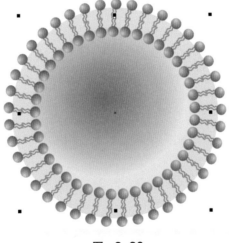

图 3-30

3.2.2 椭圆形结构的相关知识点

软件知识点一：椭圆的创建方法

在工具箱中长按"椭圆形"工具○，展开图标右下角的小三角◢，可以看到两种椭圆创建方式，如图3-31所示。

图 3-31

第1种：椭圆形创建方式是常规创建，由鼠标拖曳的角度和位置控制椭圆的大小与形态。

第2种：3点椭圆形是更为精准的椭圆创建方式，选择"3点椭圆形" ，在画面上按住鼠标左键拖曳，会先出现一条线段，如图3-32所示，松开鼠标左键之后，鼠标在画面上继续上移，会出现以之前定位好的椭圆长轴为定位点的短轴，如图3-33所示，移动鼠标选择合适的椭圆形态，再次单击鼠标确定椭圆形。

图　3-32　　　　　　　　　　　　　　　　　　　图　3-33

软件知识点二：椭圆形调整方法

1. 参数精准调节。椭圆形绘制完成之后快捷区有三个快捷图标 ◯ ◔ ◖，默认第一个椭圆形图标为开启状态，单击切换到第二个图标 ◔，图形由完整椭圆切换到四分之三饼状图，如图3-34所示。

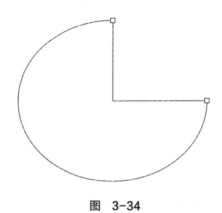

图　3-34

在参数区调整参数，可精准调整出各种不同的扇形形状，如图3-35所示。

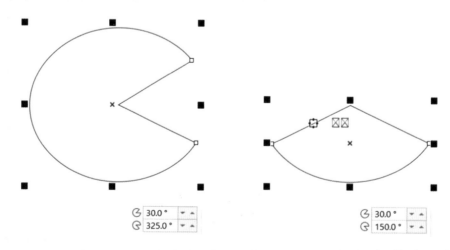

| ◔ | 30.0 ° | ▲▼ |
| ◖ | 325.0 ° | ▲▼ |

| ◔ | 30.0 ° | ▲▼ |
| ◖ | 150.0 ° | ▲▼ |

图　3-35

科技绘图|科研论文图|论文配图设计与创作自学手册：CorelDRAW篇

2. 手动调节。选择工具箱中的"形状"工具 ↖️，拖曳椭圆形上的小方格，可以改变饼状图的形状，到满意效果松开鼠标即可，如图3-36所示。

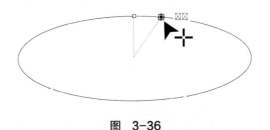

图 3-36

3.2.3 元素对象群组与调整的相关知识点

软件知识点一：关于群组的概念

CorelDRAW中使用任何工具绘制结构都会产生一个单独的子图层，将多个独立的零散子图层合并为群组，在画布上可以当作一个完整的元素处理。合并群组与解除群组不会在视觉上产生新的效果，但是合并群组在图像绘制过程中经常用到，对画布上元素处理有很大的帮助。

1. 合并群组

方法1：框选多个结构，在选定结构上右击，在弹出的快捷菜单中选择"组合"命令，如图3-37所示。

方法2：选择多个结构，在菜单中选择【对象】|【组合】|【组合】命令，如图3-38所示。

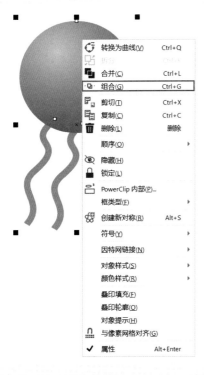

图 3-37

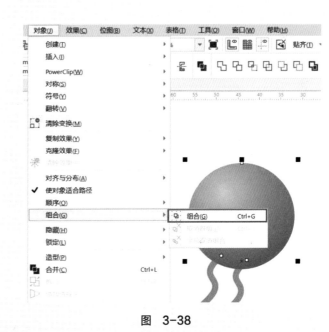

图 3-38

方法3：选择多个结构，按快捷键Ctrl+G将元素群组。

2. 取消群组

选择已经群组的对象，在右键菜单中选择"取消群组"命令，可以解除已经群组的对象，如图3-39所示，之后还可以进行调整或者重新群组。

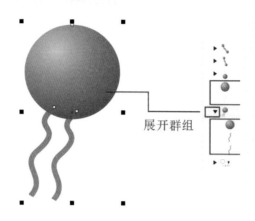

图 3-39

3. 调整群组

合并群组让几个单独零散的元素成为一个整体，元素不会在移动、缩放变化的时候混乱或者丢失；合并成为群组之后的元素在图层位置上下调整时，可以整体处理，不会造成每个元素分别单独调整的麻烦。画面中一些小结构绘制完成之后，合并群组可以起到元素整理的效果，好的绘制习惯会在后续修改调整时，节省时间，提高效率，如图3-40所示。

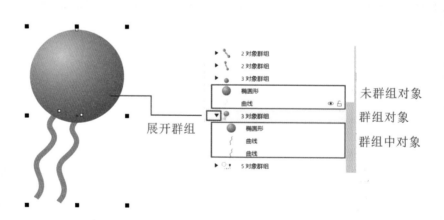

图 3-40

单击群组图层前面的小三角，展开群组。对编入群组的元素再次进行编辑时，可以在取消群组之后，用鼠标单击选择。或者按住Ctrl键不松手，用"挑选"工具 单击对应的元素即可以在不解除群组的情况下，简单调整群组中元素的位移、缩放以及配色等属性，如图3-41所示。

合并群组之后的元素，在一些特殊效果，包括复制、镜像、排列，以及路径、阴影等的使用中都更方便。

软件知识点二：镜像

顶部快捷区"镜像"图标 ⊟ ⬛ 可以将选择中的对象沿X轴或者Y轴镜像，用"挑选"工具 ▶ 单击，选择要镜像的结构，如图3-42所示。单击顶部快捷区的"垂直镜像"图标 ⊟ ，可获得与原始结构垂直镜像的结构，如图3-43所示。

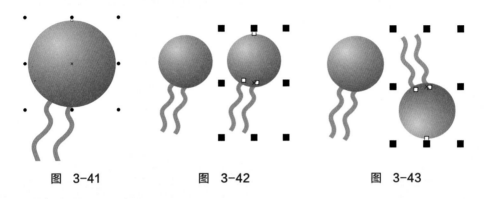

图 3-41   图 3-42   图 3-43

3.2.4 多种多样的复制方式

软件知识点一：复制

CorelDRAW中有多种复制方式，绘制过程中可以按照自己的使用习惯选择合适的方式。

1. 常规复制。CorelDRAW中的复制承袭了Windows常用的方式，即快捷键Ctrl+C复制，快捷键Ctrl+V粘贴，可在画布上复制出同样结构。

2. 在画布上右击复制。在画布上用鼠标右键拖曳元素对象或者拖曳群组，拖到想要复制的位置之后，右击，在弹出的快捷菜单中选择"复制"命令，如图3-44所示。

3. 带属性变换的复制。在复制第一个结构之后，调整好复制结构与原始结构的相对位置，接下来使用快捷键Ctrl+D，可按照前两个结构的相对位置复制出后续的结构，如图3-45所示。

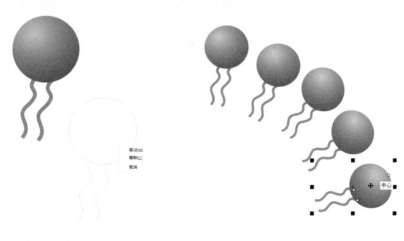

图 3-44   图 3-45

4. 批量复制。如果要复制的元素对象数量众多且变换简单，有规律可循的话，在【编辑】菜单下找到【步长和重复】命令，如图3-46所示。在泊坞窗中随之开启的"步长和重复"选项卡中，设置好复制元素的间距和份数，如图3-47所示。

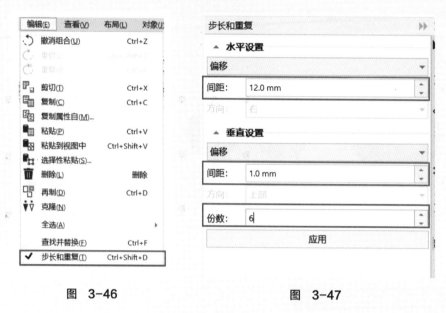

图 3-46   图 3-47

设置完成之后单击"应用"按钮，在画布上可以看到元素对象按照设定好的间距和份数复制完成，如图3-48所示。

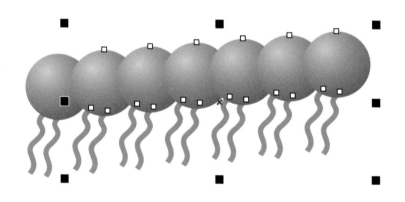

图 3-48

软件知识点二：使对象适合路径

使对象适合路径是一种特殊的复制方法，让结构可以按照设定的路径方式进行快速大量复制。对科学领域的结构制作很有帮助。

按照先选择目标元素，再选择路径线段的顺序在画布上选择结构之后，再选择"使对象适合路径"功能，让目标元素沿着指定路径复制，使对象在复制过程中按照路径变化调整复制角度，如图3-49所示。

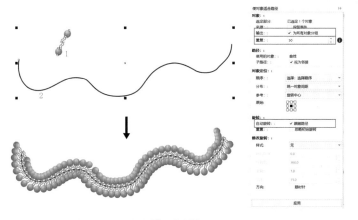

图 3-49

"使对象适合路径"能获得比复制更灵活可变的堆积结构，巧妙设计路径方式可以制作出很多科技图像中所需要的堆积结构，尤其是大量的复制，使制作路径的方式更加便捷，如图3-50所示。

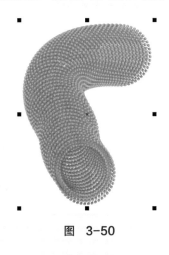

图 3-50

3.3 用基础图形工具的变形来制作离心管

科技图像中常见的结构大多数可以通过基础图形和基础图形的组合变形来实现，在基础图形的组合变形中布尔运算是必不可少的工具。

3.3.1 布尔运算相关知识点

软件知识点一：合并与拆分

1. 菜单中的合并与造型。

在菜单中选择【对象】|【造型】命令，在下拉菜单中可以看到合并、修改、相交等与图形之间的融合方式相关的命令，如图3-51所示。

图　3-51

2. 造型与合并的快捷图标。

当画面上选定两个，或者两个以上结构时，在快捷区会出现布尔造型快捷图标，如图3-52所示。

图　3-52

在矢量软件中将基础结构加以组合，便可以获得工整的图像，而且不用为自己的"画工"而苦恼，这一点是符合理工科领域制作诉求的。要利用基础结构来构建图像，除了堆积和路径之外，布尔运算也是必不可少的。

软件知识点二：布尔造型的功能

为之前的结构简单填色，如图3-53所示。用这个结构来看下布尔造型的各项功能。

1. 合并与拆分。

同时选择两种结构，单击快捷图标"合并" 图标。合并之后两个结构会变成一个完整的闭合结构，原本不同的填色也会变成同种填色，两个结构之间的重叠结构默认为镂空结构，如图3-54所示。

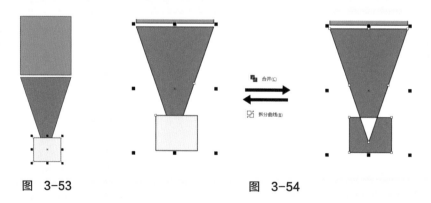

图　3-53　　　　　　　　　图　3-54

合并结构是可以重置和撤回的，选择菜单【对象】|【拆分】命令，可以将已经合并的结构重新拆分为两个独立结构。

2. 合并。

同时选择两个结构后，单击"合并"快捷图标 ⊓ ，将两个结构合并在一起成为一个结构，两个结构的重叠区不复存在，如图3-55所示。

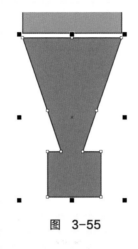

图 3-55

3. 修剪。

修剪功能需要注意选择顺序，按照不同的选择顺序单击"修剪"图标 ⊓ ，会得到不同的效果，如图3-56所示。

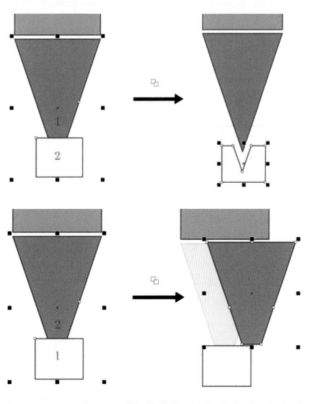

图 3-56

4. 相交。

相交可以获得两个结构重叠的区域，选择两个结构，单击"相交"图标 ，如图3-57所示。不同选择顺序对相交也有影响，只是对相交所获得的结构影响不大，只影响最终结构的颜色属性。

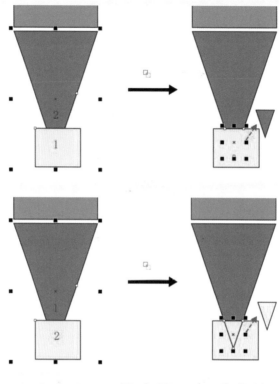

图 3-57

5. 简化。

选择两个结构，单击"简化"图标 ，可以剪掉重叠区域的结构，如图3-58所示。简化在图像制作时可以用来裁剪结构。

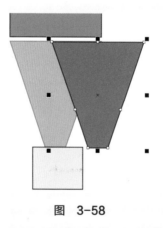

图 3-58

6. 移除后面对象。

选择两个结构，单击"移除后面结构"图标 ，这项操作执行之后只会保留图层最上方的图像，沿着重叠区域的边缘，将后方图层整体裁剪掉，如图3-59所示。

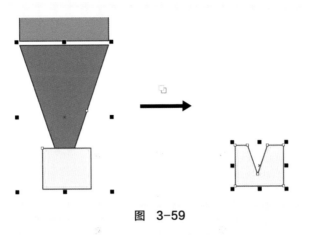

图 3-59

7. 移除前面对象。

选择两个结构，单击"移除前面对象"图标 ⊡，这项操作保留底层图像，沿交接重叠处裁剪掉前面的图像，如图3-60所示。

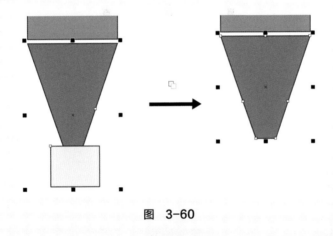

图 3-60

8. 边界。

选择两个结构，单击"边界"图标 ⊡，这项操作沿着两个图形外轮廓生成轮廓描边线，如图3-61所示。

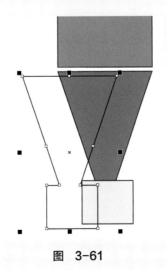

图 3-61

3.3.2　其他基础图形工具

软件知识点一：多边形工具的用法

在工具箱中选择"多边形"工具 ⬡，在画布上拖曳，可以绘制出一个正六边形，如图3-62所示。"多边形"工具默认首选项是六边。

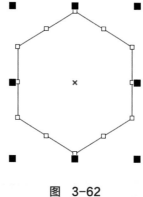

图　3-62

在顶部快捷区 ⬡ 3 设置图像边线数量之后，再拖曳鼠标，可获得自己想要的多边形，例如：三角形、五边形、八边形等，如图3-63所示。

三角形　　　　　五边形　　　　　八边形

图　3-63

3.3.3　案例：利用布尔运算来获得完美离心管

步骤1：新建画布，选择工具箱中的"椭圆形"工具 ◯，绘制一个椭圆形，如图3-64所示。

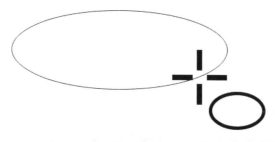

图　3-64

步骤2：用"矩形"工具 □ 在椭圆形下方绘制矩形，调整矩形的宽高比，让矩形短边与椭圆的长轴保持一致，如图3-65所示。

步骤3：在工具箱中选择"多边形"工具 ◎，在快捷区中将参数设置为3，绘制如图3-66所示的三角形。

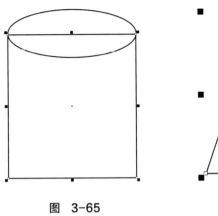
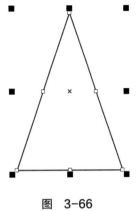

图 3-65　　　　　　　　　图 3-66

步骤4：单击顶部快捷区中的"镜像"图标 뫔，调换三角形方向，如图3-67所示。

步骤5：用"矩形"工具 □ 绘制一个小矩形，覆盖在三角形尖端，如图3-68所示。

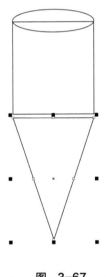
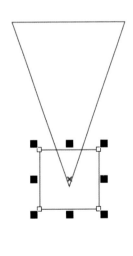

图 3-67　　　　　　　　　图 3-68

步骤6：同时选择两个结构，顶部快捷区会出现造型系列快捷图标，单击"移除前面对象"图标 ⏣，将矩形覆盖部分与矩形结构一同移除，剩下倒梯形结构，如图3-69所示。

步骤7：用工具箱中的"3点椭圆形"工具 ◉ 在倒梯形的短边处精准绘制椭圆形，如图3-70所示。调整好椭圆形的宽度，同时选中两个结构，单击"合并"图标 ⏣ 将两个图形合并，如图3-71所示。

步骤8：将矩形、椭圆形和前面制作好的合并图形合并为管壁结构，之后将三个结构对齐，为结构添加颜色，即可完成实验室常见的离心管结构，如图3-72所示。

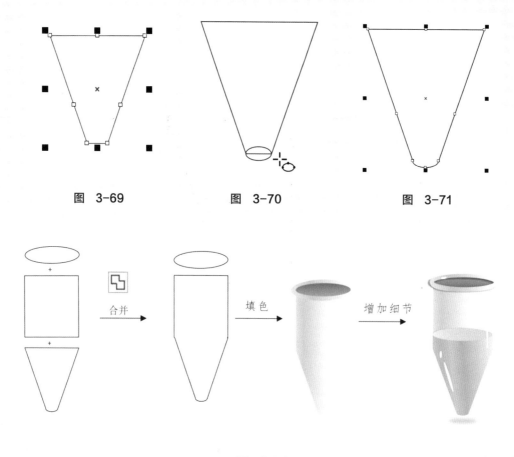

图 3-69　　　　　　　图 3-70　　　　　　　图 3-71

图　3-72

对比图3-72中效果可以发现，离心管的结构制作并不复杂，最终呈现出来的视觉效果很大部分源于色彩构建出来的视觉效果。如"3.2.1　案例：用椭圆形工具制作磷脂分子"中开头所述结构与色彩配合是在图像绘制过程中非常重要的环节，科学研究领域的结构定位是给出信息提示，呈现科研逻辑，对结构的写实度要求并不高，而色彩的配合度会有助于更好地提升图像的效果，进而更好地呈现科研信息。

贯穿始终的色彩设置及色彩控制方式

本章学习目标：

- 学习软件中的填色工具、渐变色工具
- 借助色彩塑造结构理解原始上色的原理
- 熟悉矢量填色与描边的相关属性

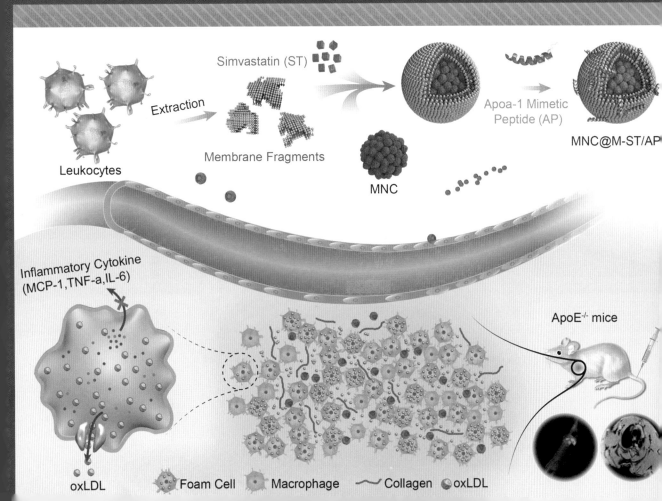

4.1 CorelDRAW色彩属性

除了矩形之外，工具箱中的椭圆形也是构成很多图形的基础，椭圆形画起来很简单，在画之前需要先修正一下绘制图像过程中对圆的理解与认知。在语言表述中圆表示一种概括化的形象，在开始动手画图的时候，很多时候需要先判断一下，在画面上能说明问题的结构是圆形还是圆球，才能更好地判断采用什么方式来构建这个结构，如图4-1所示。

圆圈　　　圆形　　　圆球

图 4-1

在通常的概念中，给圆形填色是配色问题，而这个问题总是困扰科研工作者，配什么，按照什么规则配，能配出来一个好看的颜色。在设计工作中，为圆形填色首先是塑造结构的概念，这个概念需要逐渐转化。选择配合轮廓结构，给出与结构契合的色彩，其目的是传达给大脑不同的结构认知。

4.1.1 轮廓边与标注线

软件知识点一：轮廓描边

1. 轮廓描边的颜色设置。

泊坞窗中的"属性"选项卡最上方分别有轮廓描边、填充色、透明度、特效等选项，如图4-2所示，对结构不同部分调整颜色需要单击切换到具体选项中进行设置。

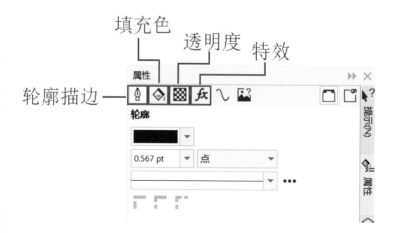

图 4-2

在轮廓描边选项中，首先是轮廓描边的颜色◊，系统默认颜色是黑色，单击黑色右边下拉小三角 ▬▬▬▬ ▾ ，展开调色板，可以选择自己习惯的色卡方式，在色卡上选择颜色，如图4-3所示。

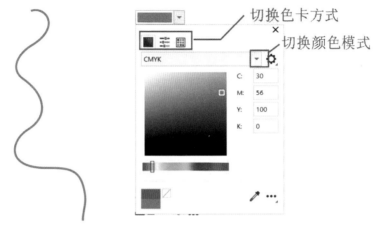

图 4-3

2. 轮廓描边的线段粗细。

轮廓描边的线段参数控制画布上当前选定对象轮廓描边的粗细程度，在设置参数之前，先展开后面轮廓单位下拉列表，选择合适的度量单位，如图4-4所示。如果绘制的是工程领域装置设计的图纸，可以切换到与实际单位对应的厘米或者英寸，在科技图像领域中，常见的信息图不需要结构尺寸上的精准度，设定元素对象参数主要基于画面精致度。

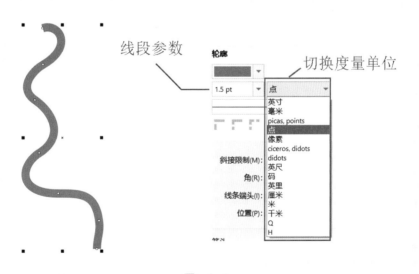

图 4-4

◎注意·◦

在科技图像领域，常规的标注线段粗细以1pt为宜，细胞等元素对象的轮廓描边粗细最好不要超过1pt。

3. 轮廓描边的线段样式。

常规结构轮廓线默认为纯色实线，科技图像中除了结构线之外，还有标注信息的引注线，给出补充信息的放大线等辅助线段。这些辅助线段有时会采用虚线段的形式，以免干扰主体信息的表达。

在轮廓描边线段粗细下方单击小三角⟡展开下拉列表，可以选择各种不同的虚线线段样式，如图4-5所示。

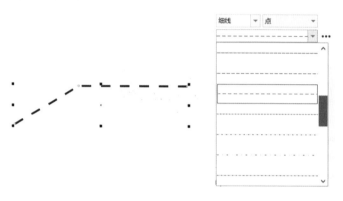

图　4-5

列表中如果没有合适的样式，可以单击⋯⋯，展开"编辑线条样式"面板，如图4-6所示，设置自己喜好的线段样式。

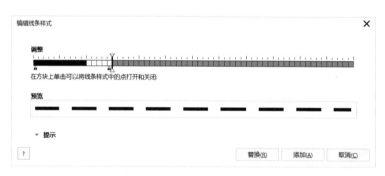

图　4-6

4. 带箭头的线段样式。

在箭头一栏中，单击小三角可以在展开的图形选框中选择箭头的样式，选择箭头之后，在绘制好的线段端头会出现箭头，如图4-7所示。用"形状"工具⟍调整线段的形状时，箭头也会随之变化。

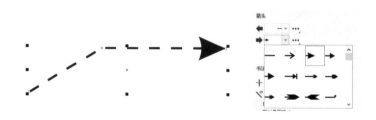

图　4-7

科技图像中经常用到标注线、引注线、放大线等，可以使用直线段、虚线段的方式按照自己想要的角度、色彩、方向绘制，在CorelDRAW中除了自己手动绘制这些线，软件也提供了相应的工具。

软件知识点二：测量与标注工具

在工具箱的"测量与标注" ⟋ 工具集中长按，切换到"3点标注"工具，如图4-8所示。

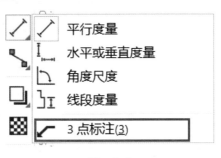

图 4-8

用"3点标注"工具在画布上拖曳绘制标注线，绘制完成之后，自动切换到文字输入，在标注线后方输入标注文字。标注线绘制完成之后在泊坞窗的"属性"选项卡中单击 ⟋ 选项卡，可以设置文字与标注线的格式，如图4-9所示。

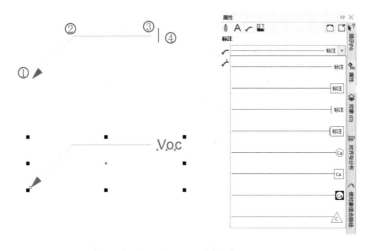

图 4-9

在"属性"选项卡的轮廓选项 ⧓ 中可以选择箭头的样式，也可以关掉箭头，如图4-10所示。

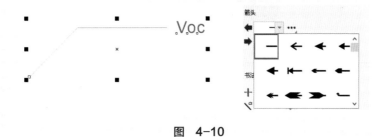

图 4-10

4.1.2　案例：以细胞为例来看透明度与渐变的结合方式

步骤1：用工具箱中的"手绘"工具 ✎ 绘制细胞轮廓，如图4-11所示。在细胞中心绘制细胞核，如图4-12所示。

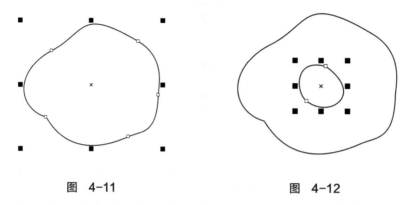

图　4-11　　　　　　　　　　图　4-12

步骤2：分别为细胞内核与外轮廓增加不同的填色，如图4-13所示。

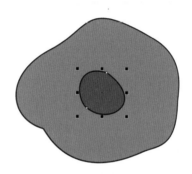

图　4-13

步骤3：进入泊坞窗，在"属性"选项卡中切换到"渐变填充"，如图4-14所示。

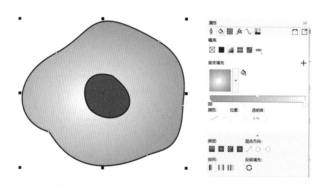

图　4-14

步骤4：关闭细胞核的描边属性，将细胞核中的填充色改为渐变填充，如图4-15所示。

科技绘图|科研论文图|论文配图设计与创作自学手册：CorelDRAW篇

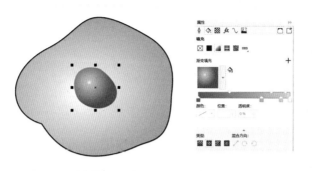

图 4-15

步骤5：用工具箱中的"贝塞尔"工具 ✏ 沿细胞边缘绘制一个高光层，如图4-16所示。单击快捷区中的"闭合曲线" ⬚ 让曲线闭合，并为曲线填充白色渐变，如图4-17所示。

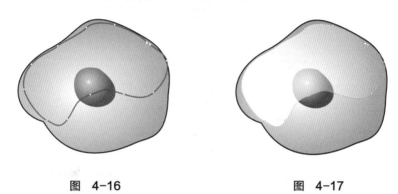

图 4-16　　　　　　　　　图 4-17

步骤6：为了制造更好的高光效果，调整高光层的渐变角度，再次进入"属性"选项卡的"透明度"选项 ▦，为高光层叠加一层透明渐变，如图4-18所示。

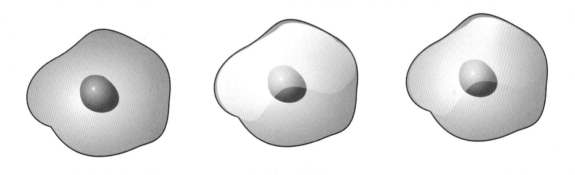

图 4-18

4.1.3　色彩填充之纯色填充

位图软件以填充网格为单元计算色彩，矢量软件以区域为单元计算色彩。在矢量软件中，当曲线首尾闭合形成一个封闭区域时，才会有区域内部填充色，因此，当色彩填充无法填充时，需要优先检查曲线是否处于闭合状态，如图4-19所示。

第 4 章　贯穿始终的色彩设置及色彩控制方式

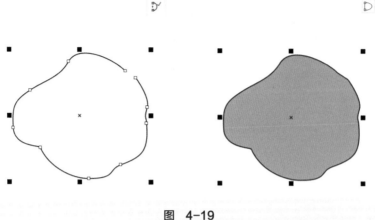

图 4-19

检查曲线是否闭合最简单的方法为：选择曲线，查看快捷区的闭合曲线状态，如果曲线状态提示为 ，则曲线是开放状态；如果曲线状态提示为 ，则曲线为闭合状态。曲线状态图标不仅是状态提示，也是状态切换，单击图标可以在曲线闭合与开放之间来回切换。

软件知识点：CorelDRAW常见填色方式

1. 利用调色区进行便捷填色。单击右侧调色区中的色块为画布上的元素对象填色。鼠标左键单击为结构添加填充色；鼠标右键单击为结构添加描边色，如图4-20所示。

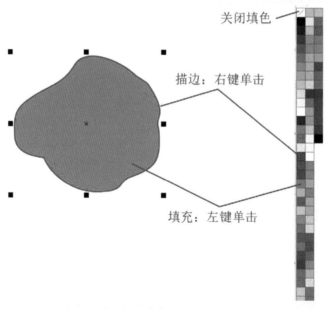

图 4-20

CorelDRAW中有试剂调配一般的色彩调和方式，对科研工作者来说更加友好且易于掌控。为结构填色之后，按住Ctrl键，在调色区中挑一种想要加入原始颜色进行调和的色块，用鼠标右键持续单击该色块，每次可以微量加入，与原始颜色进行调和。如图4-21所示，右键持续单击白色，为原本红色的描边中混入了白色，将红色稀释为粉红色。调整程度以画面上视觉效果为准，添加到合适的程度，可以停止单击。

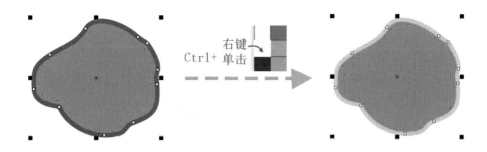

图 4-21

微量调色的方式同样符合左键填充，右键描边的规则，按住Ctrl键，用鼠标左键在调色区选择的色块上持续单击，为结构填充色中混入黄色，如图4-22所示。

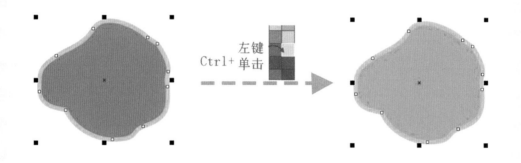

图 4-22

2. 通过"属性"选项卡填色。绘制完结构之后，选择画布上的元素对象，在泊坞窗的"属性"选项卡中开启色彩设置，为结构添加填充色，如图4-23所示。

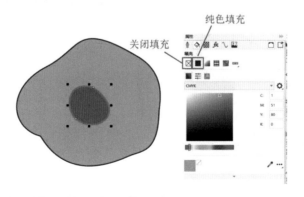

图 4-23

3. 工具箱中的色彩填充工具。单击选择画布上的图形对象，选择工具箱中的"交互式填充"工具 ，在顶部快捷区切换为纯色填充，在色彩下拉列表中选择要调整的颜色，如图4-24所示。

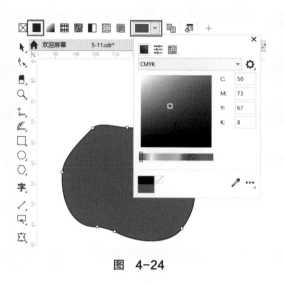

图 4-24

4.1.4 色彩填充之渐变填充

纯色填充仅仅需要考虑颜色的选择，渐变填充由两种以上的色彩混合而成，所以需要考虑两种色彩之间的混合效果及渐变的方向。自然界中任何物体都处于复杂的光线环境中，在各种光线的影响之下，纯粹的色彩并不存在，渐变色在画面中的巧妙使用比纯色更符合视觉效果。

软件知识点：CorelDRAW渐变色方式

1. 开启渐变色。

在泊坞窗的"属性"选项卡中，单击"渐变"图标 ▨ 切换到渐变填充，在类型中选择向心渐变 ▦ ，即由圆心向外扩散式的渐变方法。单击渐变色条上的色管为渐变设置多种不同的颜色，当默认渐变形态不能符合要求时，可以选择"交互式填充"工具 ◈ ，调整渐变色与结构的相对位置，如图4-25所示。

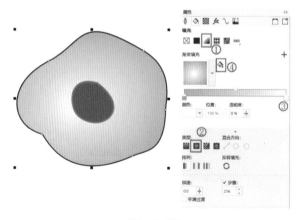

图 4-25

2. 渐变类型。

渐变是由色彩A到色彩B以指定的方式混合形成的，创建的渐变方式有线性渐变、向心渐变、锥形渐变和矩形渐变，其中最为常用的是线性渐变和向心渐变，如图4-26所示。

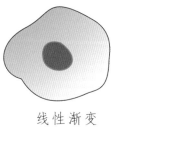
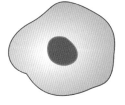

线性渐变　　　　　　　　向心渐变

图 4-26

3．渐变颜色设置。

渐变色条由多种色彩构成，设置与修改颜色需要激活对应的色管，再进入色管下方颜色区展开调色板进行调整，如图4-27所示。除了颜色之外，还可以调整色管的透明度，如图4-28所示，制作出渐隐的效果。

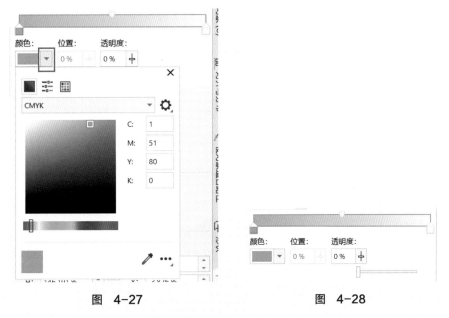

图 4-27　　　　　　　　　　　　　**图 4-28**

在色条上双击可以增加色管，以达到增加渐变色的效果，如图4-29所示。在已有色管上双击，可删除色管。

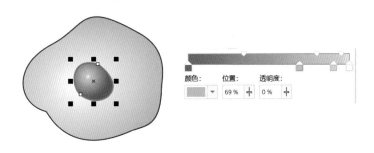

图 4-29

4. 控制渐变的方法。

单击渐变填充旁边的油漆桶 ◇，可以调出"交互式填充"工具，如图4-30所示。"交互式填充"工具明确给出色彩A与色彩B在图形结构上的位置，当鼠标单击色彩A或者色彩B的小方块时，会在画面上弹出色彩调整快捷方式，可以调整渐变的颜色和透明度，角度控制手柄可以改变色彩混合的角度和强度。

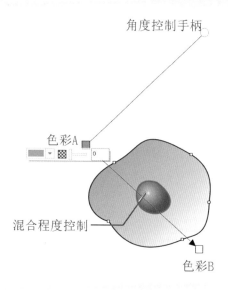

图　4-30

渐变类型切换为向心渐变后，"交互式填充"工具随之变成圆形，如图4-31所示，控制手柄可以调整渐变由中心向外扩散的形态，让渐变更贴合图形结构。

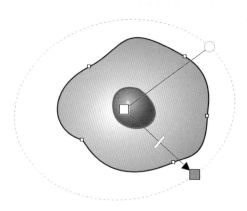

图　4-31

◎注意·◦

渐变色的使用是为了让色彩与结构配合营造出更容易"欺骗"眼睛的效果，无论色彩选择还是渐变类型选择都需要基于结构的立体特征来考虑。

4.2 透明度与色彩的配合会产生更多效果

生活中常规理解的透明度是整体透明，比如：一杯果汁和一杯纯净水比起来，水是透明的，果汁是不那么透明的，在图像设计中需要将这个观念适当调整，在图像设计中整体透明的情况并不多，很多时候需要有一定变化的透明，带有渐变的一定变化的透明可以辅助结构产生更加立体的光影效果，这是透明度对图像的贡献。

4.2.1 透明度相关知识点

软件知识点：增加透明度的常见方法

1. 工具箱中的透明度工具。

选择工具箱中的"透明度"工具，用"透明度"工具单击画布上的元素对象，如图4-32所示，在弹出的快捷工具条上可以调节透明度。

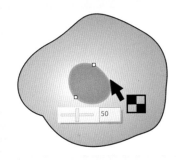

图 4-32

在顶部快捷区会随之出现透明度调整的相关设置，如图4-33所示。

图 4-33

2. 泊坞窗中的透明度属性卡。

CorelDRAW的"属性"选项卡中有独立的透明度选项，在"属性"选项卡中，单击图标切换到透明度选项，如图4-34所示，在该选项中默认透明度为关闭状态，需要手动切换到图标开启透明度。

图 4-34

软件知识点：透明度类型

1. 均匀透明度。

均匀透明度与纯色填充一样可以为单独的元素或者群组元素进行整体改变，单击透明度选项方格后面的小三角，在下拉列表中可以按照预设好的图标选择透明度状态，如图4-35所示。

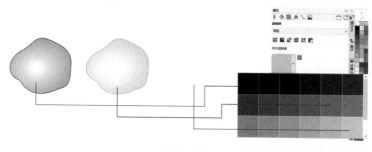

图 4-35

在透明度选项下方，调整参数滑块可以通过参数更精准地调整透明度，如图4-36所示。

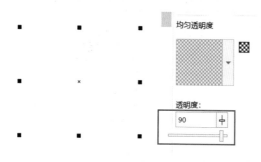

图 4-36

2. 渐变透明度。

渐变透明度和渐变填充色一样是两种以上的色彩混合构成，不同的是透明度中色管以黑色表示透明度为0，即完全透明的状态，白色表示原始色彩，即不透明的状态，如图4-37所示。

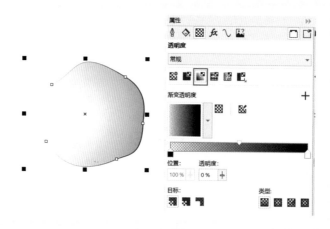

图 4-37

渐变透明度与渐变色一样，同样需要选择渐变类型，如图4-38所示。

图　4-38

3. 渐变色管中的透明度。

单击渐变透明度后面的▨图标或者工具箱中的"透明度"工具，在画布上调出"透明度"工具，如图4-39所示。"透明度"工具与之前介绍的"渐变色调整"工具使用方式相同，可通过手柄设定起始点和终止点来调整画面上透明度的范围和形状。

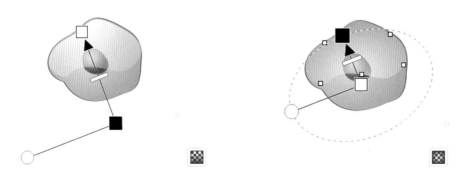

图　4-39

4. 透明度目标。

无论开启的是均匀透明度还是渐变透明度，透明度默认对图形对象整体起作用，即在透明度面板中透明度默认为开启第一项全部透明度，如图4-40所示。

图　4-40

分别切换到填充和轮廓，则透明度效果只针对填充生效，或者只针对轮廓生效，如图4-41所示。

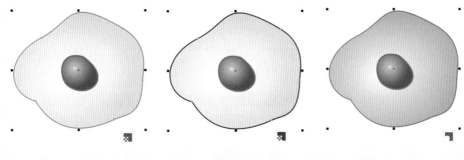

图　4-41

在实际应用中，渐变与填色一样需要根据图像效果来选择。需要区分单纯的透明度工具和渐变填色中的透明度设置。区分透明度目标分离效果，主要的目的是让绘制结构产生更多变化，以便制作出更符合视觉效果的图形图像。

4.3　滴管工具与填充工具的使用方法

"滴管"工具可以根据鼠标放置位置的颜色参数来获取颜色信息。要对不同结构赋予同样颜色，或者使用使用过的颜色，滴管工具可以避免再次调色的麻烦。在矢量软件中滴管工具不仅可以获取颜色参数，还可以获得属性信息，可以充当画布上的格式刷。

4.3.1　颜色滴管与属性滴管

"滴管"工具　　　在位图软件中一般用于选取颜色，在矢量软件中"滴管"工具不仅用来吸取颜色，还可以有更多用处。

软件知识点一：颜色滴管

在工具箱的"滴管"工具 中长按选择"颜色滴管"工具，"颜色滴管"工具可以在鼠标划过的位置选取颜色，确定好要选取的颜色之后在该位置单击确定取色。完成取色之后的"颜色滴管"会变成油漆桶形状，如图4-42所示，将油漆桶移动到需要填充颜色的元素对象上单击，即可为元素填充颜色。

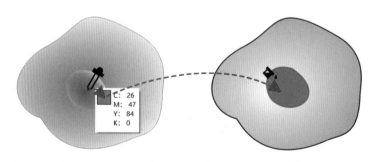

图　4-42

软件知识点二：文档调色板

用"颜色滴管"工具吸取颜色之后，在软件底部文档调色板中会出现当前所吸取颜色的色块作为取色记录，如图4-43所示。

图　4-43

文档调色板中可以将每次吸取的颜色临时记录下来，便于以后再次使用。

文档调色板在"属性"选项卡和填充快捷区中也同样存在，如图4-44所示。

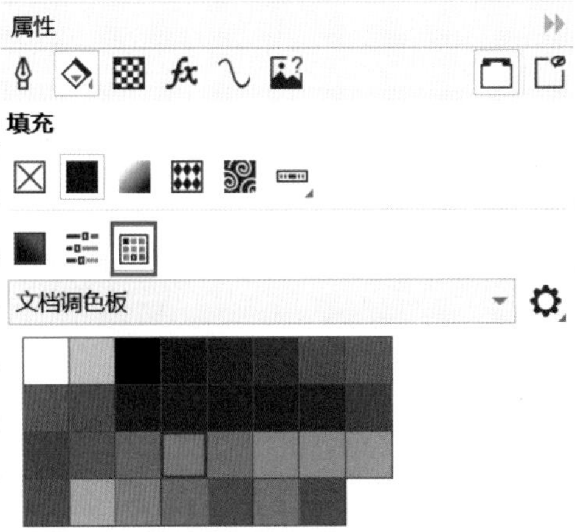

图 4-44

软件知识点三：属性滴管

1. 属性滴管使用方法。

将"滴管"工具切换到"属性滴管" ⬚状态，在顶部快捷区出现相关的属性设置，如图4-45所示。

图 4-45

属性中"轮廓""填充""文本"都被选中时，使用"属性滴管"工具可以同时吸取这三项属性，赋予新对象，与Office中格式刷有近似效果。以图4-46为例，为两组色彩不同的细胞分别标注A与B，并将文字设置为不同的色彩和字体。

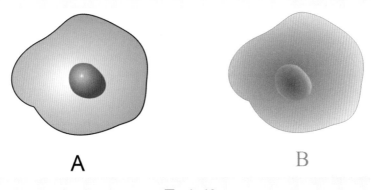

图 4-46

用"属性滴管"工具吸取B细胞外轮廓的颜色,赋予A细胞,可以看到B细胞外轮廓的渐变色和描边均被赋予A细胞,如图4-47所示。用"属性滴管"工具吸取B细胞下标注的文字,赋予A细胞标注的文字,A细胞标注文字的字体、色彩均被改变,与B细胞统一,如图4-47所示。

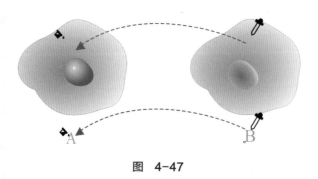

图　4-47

　　2. 用属性滴管获取特效。

　　用工具箱中的"阴影"工具▢和"封套"工具▧对细胞A略加改变,如图4-48所示。

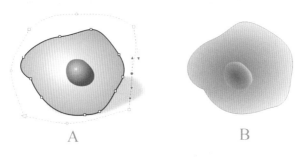

图　4-48

　　选择"属性滴管"工具🖋,在顶部快捷区中取消选中"属性滴管"工具的常规属性,在"效果"一栏中选中"封套""阴影"属性,如图4-49所示。

图　4-49

　　用设置好的"属性滴管"工具单击,吸取细胞A的属性,再将鼠标移到细胞B上单击,细胞B维持色彩不变的情况下增加了变形的效果及阴影效果,如图4-50所示。

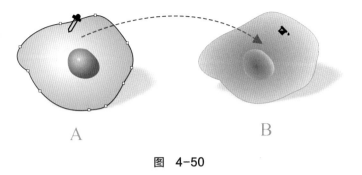

图 4-50

3. 用属性滴管获取变化信息。

用"挑选"工具 ▶ 调整细胞A的角度，并缩放细胞A的大小，如图4-51所示。

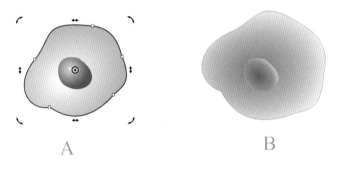

图 4-51

将属性滴管的属性切换到"变换"，选中"大小""旋转"属性，如图4-52所示。

图 4-52

用设置好的"属性滴管"工具单击吸取细胞A的属性，再将鼠标移到细胞B上单击，细胞B变小且角度发生了改变，如图4-53所示。

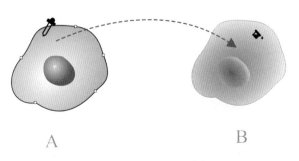

图 4-53

步骤1：用"椭圆形"工具〇在画布上绘制两个椭圆形，如图4-54所示。使用"智能填充"工具⬚在图像上单击，两个椭圆形的交界处填充了颜色，如图4-55所示。

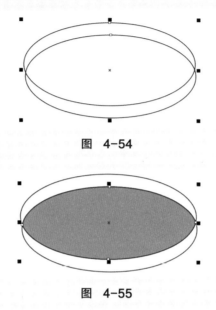

图　4-54

图　4-55

步骤2：进入泊坞窗中的"对象"选项卡，可以看到智能填充并不是在两个椭圆形基础上增加了填色，而是在两个椭圆形的交界处进行了填色，生成了新的图形结构，如图4-56所示。

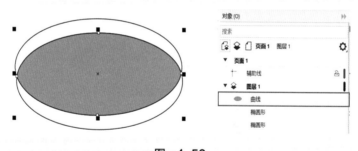

图　4-56

步骤3：再用"智能填充"工具分别为其他两个空白区域填充颜色，如图4-57所示。填充好之后，用"挑选"工具▶选择色块，在泊坞窗的属性选项卡中将"纯色填充"调整为"渐变填充"，如图4-58所示。

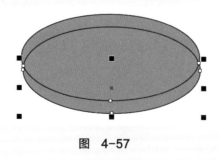

图　4-57

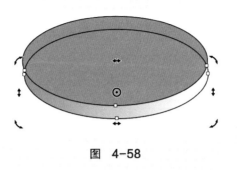

图 4-58

步骤4：分别调整三个色块的渐变颜色和渐变角度，去掉之前的椭圆形和描边线，如图4-59所示。

图 4-59

软件知识点：智能填充工具

"智能填充"工具可以在线段交界处产生填充的闭合结构，无论线段是否闭合，当一条或者多条线段之间形成交叉区域时，便可以使用"智能填充"工具为交叉区域填色，如图4-60所示。

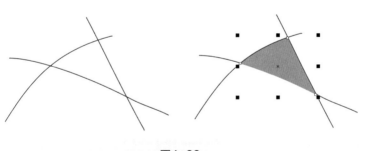

图4-60

"智能填充"工具可以利用一些线段的交错产生特殊的效果，来获得特殊的图形图像结构。

选择"智能填充"工具之后，可以在顶部快捷区设置其填充选项以及是否带轮廓，还可以设置轮廓边的颜色及轮廓边的粗细程度，如图4-61所示。

图 4-61

4.3.3 使用网状填充工具制作色彩融合效果

软件知识点：网状填充工具

"网状填充"工具 井 是在结构上构建网格线，在网格线的交错点赋予色彩，从而制造出有趣的色彩融合效果。

用"矩形"工具 □ 在画布上绘制矩形，用"形状"工具 ↖ 增加一个倒角，选择"网状填充"工具 井 ，在矩形中出现虚线网状结构及节点，如图4-62所示。

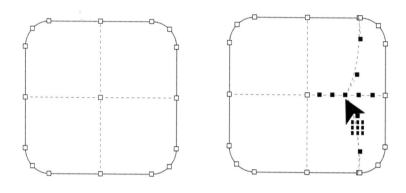

图 4-62

激活控制点，在右侧调色区单击，为控制点增加填色，如图4-63所示。可以看到以控制点为核心向四周扩散的色彩填充效果，在两个控制点交接区域色彩自动呈现出均匀的融合效果。

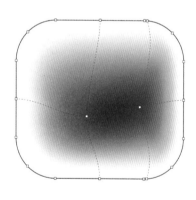

图 4-63

网状填色是基于控制点的填色，在图框中每个白色空心控制点都可以给予不同的颜色。在图形轮廓内要想增加更多的填色或者填色点，可以用"网状填色"工具 井 在想要增加节点的位置双击，增加可填色网格点，也可以在已有的填色点上双击删除填色点。

第5章
绘制工具的使用方法

本章学习目标:

- 学习CorelDRAW的各种绘画笔刷
- 理解锚点、矢量线的绘制与调整方法
- 学习借助软件来获得特殊效果的方法

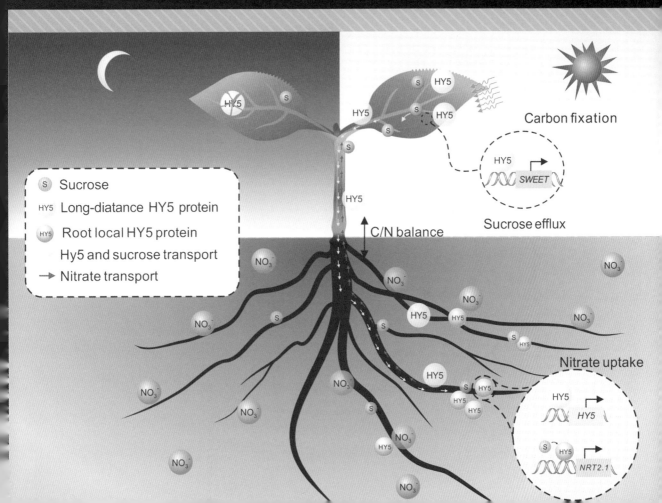

5.1 手绘工具的使用方法

灵活多样的手绘工具是CorelDRAW的优势。进入手绘功能环节的学习后，首先需要进行一些基本功练习，然后才能画出更满意的手绘效果。

5.1.1 案例：通过绘制植物叶片来了解绘制工具

基础图像和图像运算的学习是为了方便快捷且忽略绘画功底来获取简单图像，作为二维矢量工具，强大的绘制功能必不可少。本小节将深入学习工具箱中与图像绘制相关工具的使用方法。

在工具箱中长按手绘工具图标，在展开的工具集中有多种手绘工具，如图5-1所示。

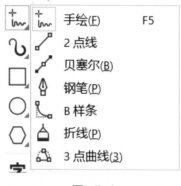

图　5-1

步骤1：在工具箱中选择"手绘"工具 ，在画布上绘制叶片大概形态，形成完整闭合的曲线段，如图5-2所示。

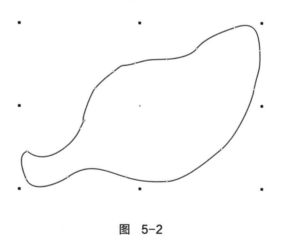

图　5-2

步骤2：绘制完前面的叶片基础结构之后，查看快捷区曲线闭合状态图标，确认叶片处于形态闭合状态。在工具箱中"形状"工具 上长按，切换到"平滑"工具 ，如图5-3所示。

图 5-3

步骤3："平滑"工具✐可以在维持绘制结构形态不变的基础上，优化线段上的锚点，让结构更加平滑，方便调整，如图5-4所示。

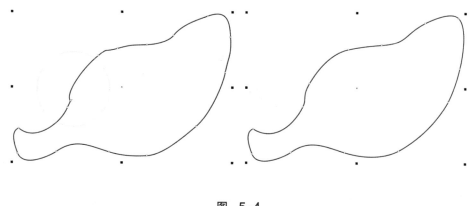

图 5-4

步骤4：在调色区选择合适的颜色为结构填色，用"形状"工具对结构进行微调，如图5-5和图5-6所示。

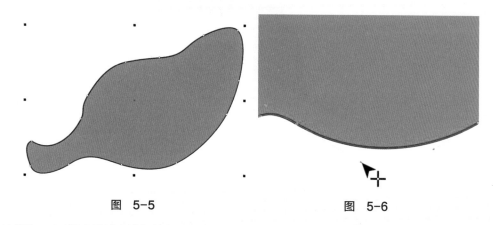

图 5-5   图 5-6

步骤5：对叶片尖端锚点进行转化。单击快捷区的"尖端转化"工具▷，将叶片尖端的顶点转化为尖锐的点，如图5-7所示。

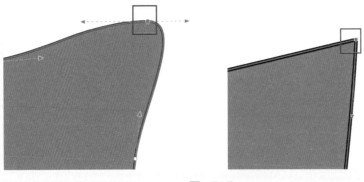

图 5-7

步骤6: 用"艺术笔"工具 ↳ 绘制叶片上的叶脉, 如图5-8所示。

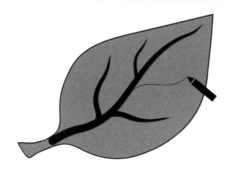

图 5-8

步骤7: 用粗糙工具 ✗ 沿着之前的叶片边缘拖曳涂抹, 为叶片增加细节, 如图5-9所示。

图 5-9

5.1.2 CorelDRAW中点线面的构成方式

软件知识点一: 锚点

锚点是曲线构成的基本单元, CorelDRAW的曲线绘制工具可以创建两种不同的锚点。

1. 刚性锚点。

用"贝塞尔"工具 ✐ 或者"钢笔"工具 ✎ 在画布上快速单击，生成的一个个单独的不带控制的锚点称为刚性锚点，如图5-10所示，刚性锚点常用来构建直线段，或者折线、标注线等。

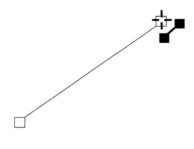

图　5-10

2. 柔性锚点。

用"贝塞尔"工具 ✐ 或者"钢笔"工具 ✎ 在画布上单击之后，按住鼠标左键不放的同时拖曳，生成以锚点为中心、两端有两条对应虚线箭头的可控制锚点称为柔性锚点，如图5-11所示。虚线箭头是虚拟控制器，只有当锚点被激活时才会出现。

图　5-11

软件知识点二：矢量线

1. 绘制直线段。

两个刚性锚点之间连接成笔直的直线段，绘制工具集中有直接和间接获得直线段的工具，如图5-12所示。间接获得直线段的工具随着鼠标操作方式变化可以获得不同的锚点即不同的线段形态。

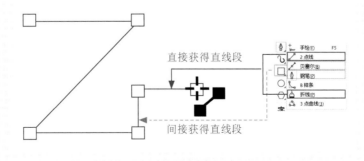

图　5-12

2. 绘制曲线段。

带控制器的柔性锚点之间连接可以生成曲线段，手绘工具集中设置了各种可以方便生成曲线段的工具，如图5-13所示。

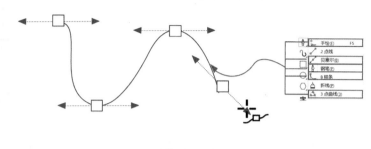

图 5-13

3. 闭合曲线。

绘制完路径回到起始位置时，鼠标绘制图标会发生变化，提示将曲线闭合，如图5-14所示。

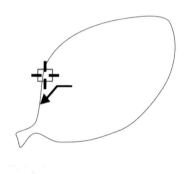

图 5-14

4. 延续曲线。

一条曲线绘制完成之后，如果需要继续绘制，可以将鼠标移动到曲线的一端，鼠标变成折线段形状，在端点上单击，可以在之前曲线上接续，然后继续绘制。

软件知识点三：绘制工具集

1. 手绘工具。

选择"手绘"工具，用鼠标在画布上移动，可以得到像画笔在画布上移动一样的效果，如图5-15所示。

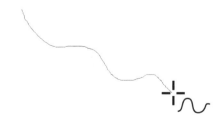

图 5-15

2. 2点线。

"2点线"工具 主要用于创建只有两个刚性锚点的简短直线段，如图5-16所示。

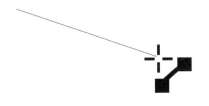

图 5-16

3. 贝塞尔曲线。

"贝塞尔"曲线工具 是常用的曲线绘制工具，快速单击可以绘制刚性锚点，按住鼠标不放可以绘制柔性锚点，如图5-17所示。

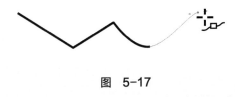

图 5-17

4. 钢笔工具。

"钢笔"工具 也是常用的曲线绘制工具，单击绘制刚性锚点，按住鼠标不放绘制柔性锚点，如图5-18所示。

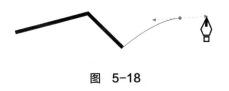

图 5-18

5. B样条工具。

用"B样条"工具 在画布上单击，可以生成控制点，在控制点之间会生成曲线，用"形状"工具编辑控制点，可以调整曲线形态，如图5-19所示。

图 5-19

6. 折线工具。

用"折线"工具 在画布上快速单击，可以绘制直线段。按住鼠标不放在画面上拖曳移动折线工具可以产生与折线工具一样的效果，如图5-20所示。

图 5-20

7．3点曲线工具。

"3点曲线"工具 用来绘制简短的弧线段，在画布上单击绘制直线，松开鼠标之后随着鼠标的移动，线段会产生弧度，到确定弧度的位置之后在画布上单击即可确定弧线段，如图5-21所示。

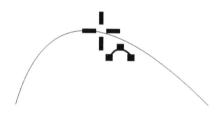

图 5-21

5.1.3 点线面的编辑调整方法

锚点调整对矢量图像构成非常重要，熟练掌握锚点调整方法，才能轻松获得结构变化丰富的图像。

软件知识点：常见的锚点调整方法

1．锚点位移方式。

用"形状"工具 选中锚点，用鼠标左键按住选定的锚点，在画布上拖曳可以调整锚点位置从而调整曲线形状，如图5-22所示。

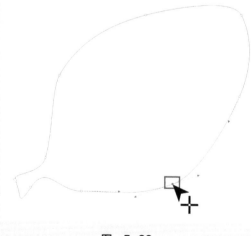

图 5-22

2. 调整锚点控制柄改变曲线形态。

用"形状"工具 ，调整控制手柄，可以拖曳、旋转、变换不同方向调整曲线形态，如图5-23所示。

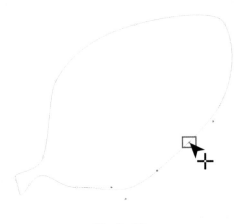

图 5-23

3. 删除多余锚点的方法。

方法1：用"形状"工具 ，选择要删除的锚点，右击，在弹出的快捷菜单中选择"删除"命令，如图5-24所示，可删除当前锚点。

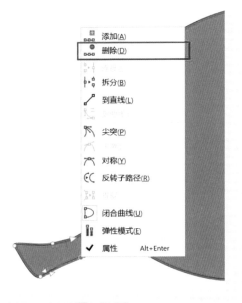

图 5-24

方法2：用"形状"工具 ，选择锚点，在顶部快捷区单击删除节点图标 ，删除当前锚点，如图5-25所示。

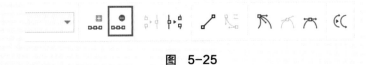

图 5-25

方法3：用"形状"工具 快速双击要删除的锚点，可直接删除锚点；在没有锚点的曲线段上快速双击，可以为曲线增加锚点。

5.1.4 曲线段的知识

软件知识点：深入理解曲线段

1. 曲线方向。

当曲线在编辑状态时，不仅能看到构建曲线的锚点，还能看到曲线的方向，在开放曲线段首尾锚点均呈三角状，三角指向方向为线段开端方向，如图5-26所示。在闭合曲线中，首尾端点合并，则只有一个指示方向呈三角形的锚点，如图5-27所示。

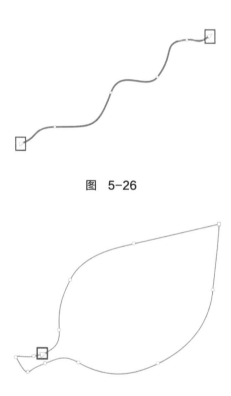

图 5-26

图 5-27

2. 连接曲线。

复制之前绘制的曲线，稍微调整一下角度，如图5-28所示。

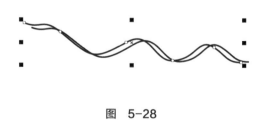

图 5-28

在菜单中选择【对象】|【连接曲线】命令，打开泊坞窗，展开"连接曲线"选项卡，选择适当的连接方式，根据线段外延锚点距离设置大概的"差异容限"数值，框选画布上的两条曲线，单击"应用"，将两条曲线连接在一起，如图5-29所示。

图　5-29

3．基础结构转曲线。

用基础图形工具绘制的椭圆形、矩形、多边形等结构可以转化为曲线段进行编辑，使用"形状"工具 ，拖曳基础图形时，会产生如图5-30所示的效果。

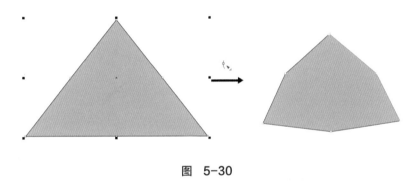

图　5-30

用"挑选"工具 选中结构，在顶部快捷区单击"转化为曲线"图标 ，可以将基础结构转化，使用"形状"工具 可以单独移动转化后的每个锚点，如图5-31所示。

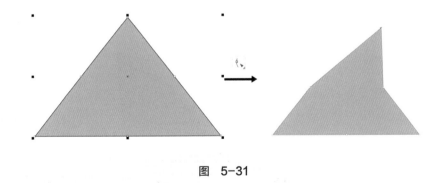

图　5-31

5.2 打破僵硬的轮廓线

现实中任何物体都会有复杂的光线效果，所以用不均匀的轮廓线勾画出来的有起伏的结构，在视觉上看起来会更舒服。但是真正按照光线来绘制线条起伏需要一定的专业训练，对科技图像绘制者来说有点麻烦。在CorelDRAW中，可以通过笔刷效果和笔触的设置，为结构增加或多或少的起伏效果，使绘制的画面效果让人感觉舒适。

5.2.1 用艺术笔绘制笔触有变化的叶脉

使用手绘工具和锚点绘制工具可以绘制出均匀而工整的线段，这是矢量工具的优点，也是矢量工具的缺点，在现实世界中即便是有均匀的结构，均匀的边框也会受到光线的影响看起来有起伏，有出入，从视觉感受上来讲，有起伏的线段会更符合视觉习惯，看起来更加舒服。

软件知识点一：艺术笔工具

1. 艺术笔绘制

在工具箱中选择"艺术笔"工具 ✎，艺术笔工具可以画出有一定起伏笔触的轮廓边，如图5-32所示。艺术笔工具的操作方式与5.1节中介绍的手绘工具一样，在此不再赘述。

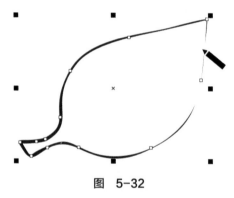

图 5-32

艺术笔刷是锚点构建的轮廓边结构，在预设笔刷中，可以选择预设笔刷样式来获得接近自己预期的形态，在顶部快捷区调整笔刷粗细程度 ✎ 0.762 mm ⬍ 可以获得更多的笔刷变化，如图5-33所示。

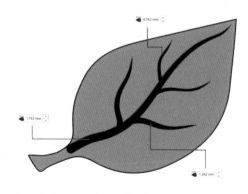

图 5-33

2. 艺术笔调整。

在艺术笔绘制的结构中心有一条控制线，用"挑选"工具调整控制线上的锚点，可以调整艺术笔工具所绘制的结构，如图5-34所示。

图　5-34

除了对整体方向调整之外，在结构上右击，在弹出的快捷菜单中选择"拆分艺术笔组"命令，可以将中间的控制线拆分，如图5-35所示。

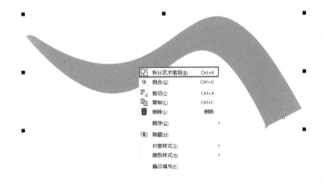

图　5-35

拆分之后删除控制线，就可以像普通闭合曲线一样，用结构周边的锚点来调整了，如图5-36所示。

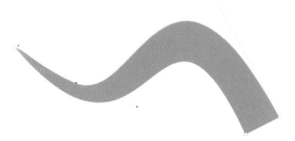

图　5-36

艺术笔刷更适合绘制具有一定装饰效果的背景元素，在科技图像中核心元素做过多修饰会喧宾夺主影响科学信息的主干线。

软件知识点二：将轮廓边线书法化

在泊坞窗 | "属性" | "轮廓边" 选项卡中，展开"书法"一栏，拖曳调整方形结构控制器，可以为任意均匀的轮廓边增加起伏的效果。如图5-37所示。

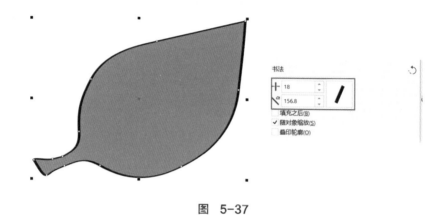

图 5-37

轮廓边线书法化并不改变边线的属性，适用于对结构线段的光源要求不高、只是需要一点起伏效果增加画面视觉舒适度的情况。对科技图像而言是好用且方便的功能。

5.2.2 形状调整工具包为结构变化提供更多便利

工具箱中的"形状"工具 用于调整锚点，是软件中使用频率最高的工具之一。在形状工具上长按，在展开的小三角工具集中，可以看到除了基础的调整方式之外，还有一些具有特殊功能的调整工具，如图5-38所示。

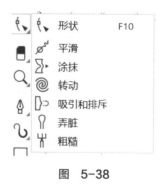

图 5-38

软件知识点：多变的调整工具

1. 粗糙工具。

选择"粗糙"工具 ，沿着之前的叶片边缘拖曳涂抹，可将叶片边缘变成锯齿状，如图5-39所示。

图 5-39

在顶部快捷区，可以调整粗糙工具的锯齿程度，如图5-40所示。

図　5-40

粗糙工具不是创造性工具，是改造性工具，使用粗糙工具需要基于原有的结构线。

2. 弄脏工具。

"弄脏"工具 可以在结构上涂抹制造破损效果，如图5-41所示。

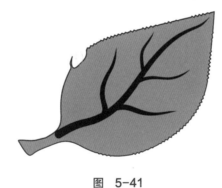

图　5-41

3. 吸引和排斥工具。

"吸引和排斥"工具 有像吸铁石一样吸附锚点和排斥锚点的效果，用吸引和排斥工具在图形结构上单击和拖曳，可以将图形结构的锚点吸附聚集在一起或者进行排斥，起到改变结构，创造特殊视觉效果的作用，如图5-42所示。

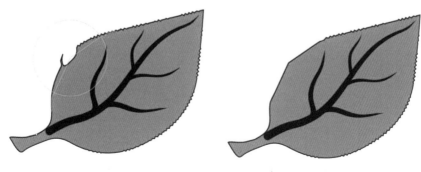

图　5-42

4. 转动工具。

将"转动"工具 ⊚ 放置于图形结构上并按住不放，会自动生成油彩一般的漩涡效果，适用于制作一些特殊效果的背景图层，如图5-43所示。

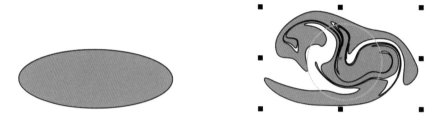

图 5-43

5. 涂抹工具。

使用"涂抹"工具 ⊿ 可以用笔刷的压力整体推移结构，起到微调修复的效果，如图5-44所示。

图 5-44

6. 平滑工具。

"平滑"工具 ⌁ 可以在维持结构形态的基础上平滑优化节点，可以使结构上多余的锚点变得清晰平滑，如图5-45所示。

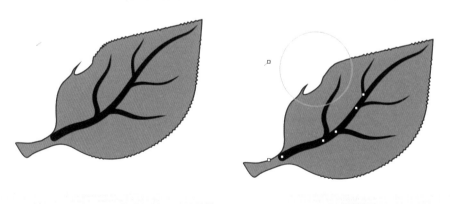

图 5-45

5.3 以质粒环为例来看对称结构绘制方法

用对称画法来绘制对称结构对科技图像来说是非常节省时间的方式，而且在后续可能会出现的修改调整中，对称结构只需要改变一个环节就能修正整个问题，所以，对称画法非常适用于科技图像领域。

5.3.1 案例：事半功倍的对称画法

步骤1：在菜单中选择【对称】|【创建新对称】命令，如图5-46所示。

图 5-46

步骤2：将对称轴设置为2 ⚙ 2 ，对称轴成十字交叉状出现，只需要绘制图像的四分之一，其他部分会依照对称轴精准复制，如图5-47所示。

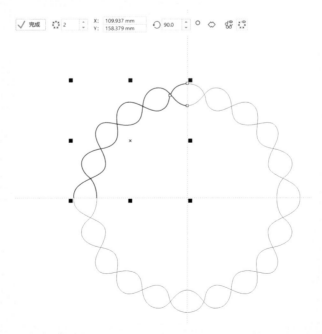

图 5-47

步骤3：在调色区选择不同的色块，右击分别为绘制的两条线段填色，绘制区域的颜色变成了彩色，自动生成的对称部分依然以辅助线的形式显示，如图5-48所示。

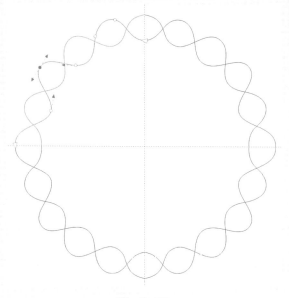

图 5-48

步骤4：将调整好的曲线复制，与之前线段平移错位，如图5-49所示。再针对特别锚点微调，让线段更加匹配。

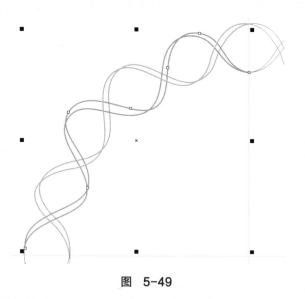

图 5-49

步骤5：选择"智能填充"工具 ⚙ 为线段交叉处填色。指定颜色之后，沿着图像单击填充，注意DNA结构是相互缠绕的，有前后遮挡关系，如果想不明白哪个颜色是哪个部分的，先填充线段部分，最后再填充交叉部分，如图5-50所示。

步骤6：用"矩形"工具 □ 在画布上绘制矩形，单击快捷区的"曲线转化"图标 ↻，将矩形结构转化为曲线结构，用"形状"工具 ↖ 调整矩形锚点匹配DNA轮廓，如图5-51所示。

图 5-50

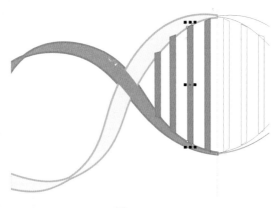

图 5-51

步骤7：填充完成之后单击"✓ 完成"按钮，回到主界面，可以获得如图5-52所示结构。

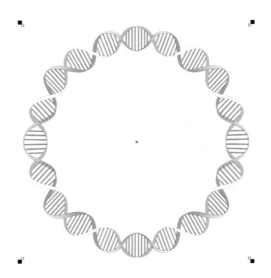

图 5-52

软件知识点一：对称画法

对称功能可以将虚拟画布处理成折叠的状态来绘制结构，开启对称模式之后，画布正中间会出现一条虚线，以虚线为中轴线，在任意一侧绘制结构，虚线对应的另一边会呈非常精准的轴对称形式出现，对称轴参数默认为1，即只做一次对折使图像左右对称。

对称轴参数可以设置为1~12，将画布进行1~12等分折叠，在其中任意一个单元绘制结构，其他部分自动与之同步，如图5-53所示为设置为12的效果。

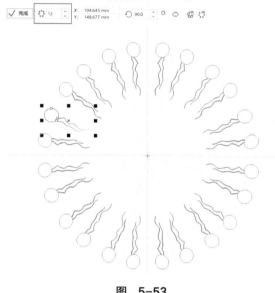

图　5-53

用对称方式绘制的图形对象在泊坞窗"对象"选项卡中以一个整体单元"对称组"的形式存在，如图5-54所示。

图　5-54

在画布上单击选定该元素，或者在对象中选择"对称组"，画布左上角会出现对称编辑提示，单击"编辑"图标可以再次对对称元素进行编辑，如图5-55所示。

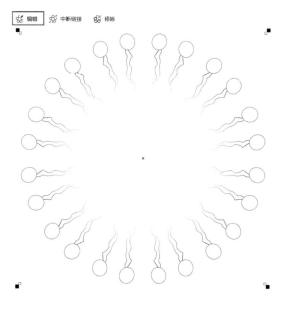

图 5-55

对称结构确认不再编辑，可以单击左上角的"中断链接"图标中断对称组，让结构转化为普通的对象组模式，以便后续编辑。

软件知识点二：平行结构

在手绘工具中，选择任意手绘工具，在顶部快捷区会出现"平行"工具 图标，单击调出平行绘图选项卡，如图5-56所示。

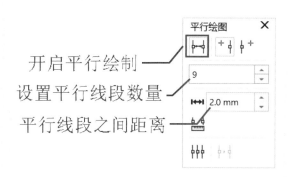

图 5-56

用"3点曲线"工具 在画布上绘制弧线，绘制完成之后，确定生成线段时会同时生成平行的9条线段，如图5-57所示。

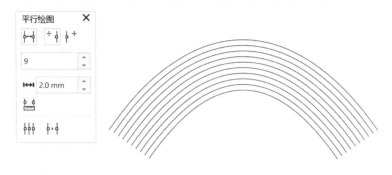

图 5-57

在科技图像的生物结构和纳米材料中对称属性结构很常见，设计好结构、绘制路线之后，巧妙使用对称绘制、平行绘制，可以事半功倍，节省一半的工作量，甚至三分之二的工作量。

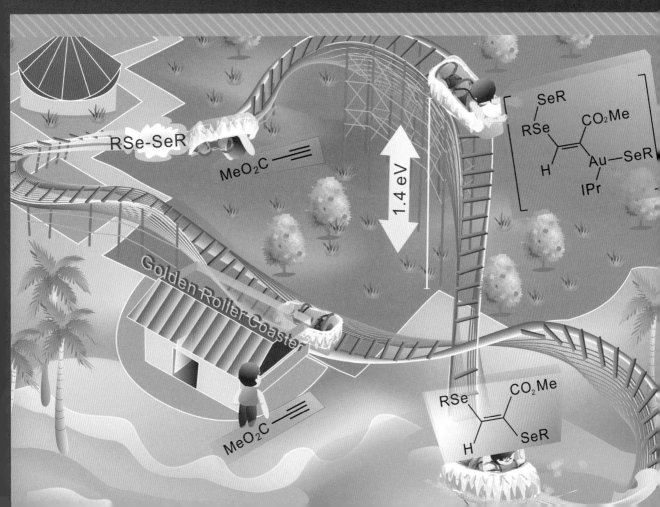

第6章
矢量图形的特效功能

本章学习目标:

● 学习CorelDRAW的校色功能

● 学习使用特效来丰富图像的画面效果

● 借助软件增加结构的立体感

6.1　关于色彩修正的特效

图像绘制过程像实验过程一样，需要不断尝试，不断修改，尤其是在实验室结果中诞生出来的科技图像。当画布上的图像元素具有越来越多的细节时，也意味着修改要遇到的麻烦越来越大。

再次打开前一个章节中完成的小结构，以此为例来看看CorelDRAW中【效果】菜单下的【调整】模块提供的常见色彩调整方式。

6.1.1　图像调整实验室

菜单栏中的【效果】|【调整】|【图像调整实验室】命令如图6-1所示。

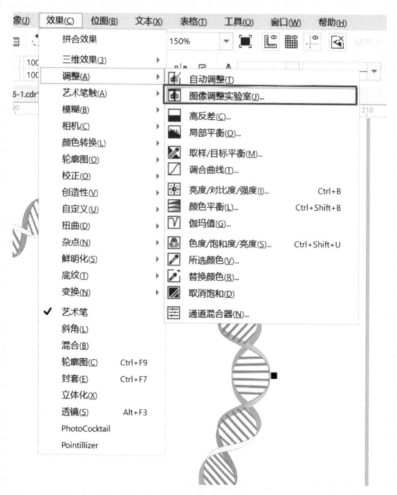

图　6-1

展开【图像调整实验室】选项卡，调整图像参数区的滑块，可以整体改变图像色彩，调整相对满意后，单击图标保存图像预览，如图6-2所示。

科技绘图图科研论文图|论文配图设计与创作自学手册：CorelDRAW篇

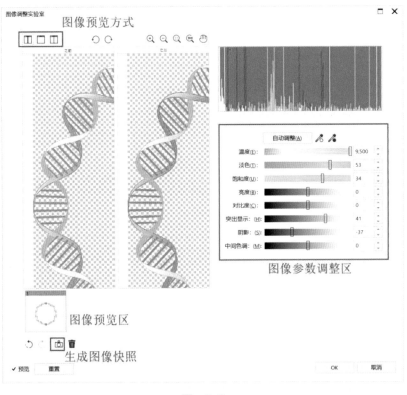

图 6-2

在图像预览区可以将多个不同配色版本及参数的记录暂时保存记录，以供对比决策，如图6-3所示。单击每个预览图，可以将画布上结构的色彩切换成该预览中所保存的配色方案。

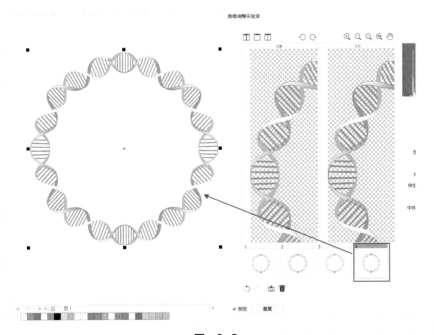

图 6-3

选择合适的配色方案之后，单击 OK 确认效果。

为元素对象或者对象群组增加效果之后，在图层末端会出现 *fx* 图标，如图6-4所示。在图标上单击，将图标变成 *fx* 时，可以关闭之前添加的效果，让画布上元素对象恢复到最初的色彩状态。

图 6-4

在"属性"选项卡的位图效果列表中可以看到当前图层所有的效果，如图6-5所示。可以单击 *✎* 进入效果再次编辑修改，单击底部垃圾桶图标 🗑 可以删除效果。

图 6-5

单击效果面板左下方的 ➕ 图标，在出现的下拉菜单中可以为当前图层添加与效果菜单同样的位图效果，如图6-6所示。

图 6-6

位图效果调整可以免去逐个图层修改元素色彩的烦琐，如图6-7所示，且整体调节使后续的反复修改、对比决策及撤销退回等操作更方便。

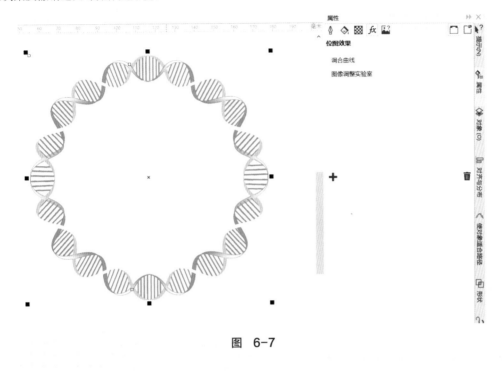

图 6-7

6.1.3 色调饱和度使用方法

选择菜单【效果】|【调整】|【色调/饱和度/亮度】命令同样可以为元素对象整体调整色彩，在展开的"色调/饱和度/亮度"选项卡中，调整"色度"可获得完全不同于初始色彩的配色效果，如图6-8所示。

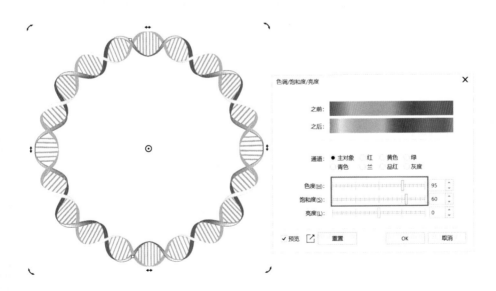

图 6-8

针对结构的特定颜色，例如黄色的DNA链，蓝色的链，可以在"色调/饱和度/亮度"选项卡中调整，在"通道"中选择"黄色"，则调整只针对元素中黄色起作用，调整下方色度、饱和度滑块，可以将黄色DNA链改为橙红色，如图6-9所示。

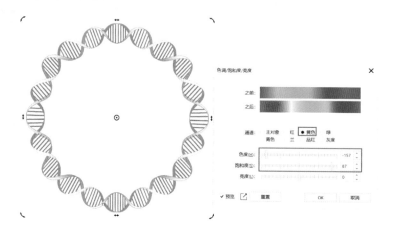

图　6-9

6.2　效果菜单中的特殊效果

CorelDRAW中的特效菜单可以将矢量图形的优势与位图图像的优势结合，让矢量图形具有各种丰富的质感和纹理。

6.2.1　艺术化的艺术笔触可以制造特殊画面效果

选择菜单中的【效果】|【艺术笔触】命令可以简单有效地为矢量线段绘制的元素对象增加更多有趣的视觉效果，如图6-10所示。

图　6-10

1. 炭笔画。

炭笔画效果让结构去掉填色，转化为炭笔绘制的灰度效果，炭笔效果可以调整边缘深度数值和灰度，让图像保持初始绘制结构的情况下接近"素描"的效果呈现，如图6-11所示。

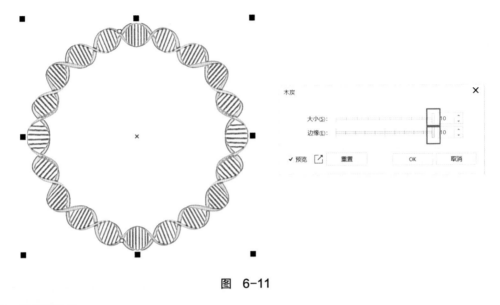

图 6-11

2. 蜡笔画效果。

蜡笔画效果将笔直的矢量线段转化为柔和的蜡笔风格，产生手绘风格的线段效果和柔和的视觉效果，如图6-12所示。

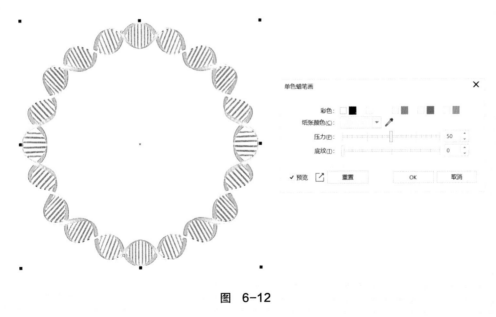

图 6-12

3. 立体派效果。

立体派效果将色彩均匀的矢量图转化为色彩斑驳变化并富有笔触的图像，如图6-13所示。

第6章 矢量图形的特效功能

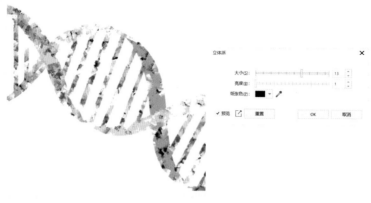

图 6-13

4. 印象派效果。

印象派效果是将图像转化为印象派色块或者笔触构建的图像，如图6-14所示。

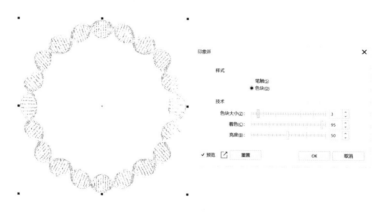

图 6-14

5. 调色刀效果。

调色刀效果是将图像转化为有一定立体效果的斑驳油画效果，如图6-15所示。

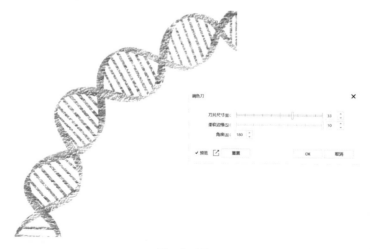

图 6-15

科技图像多数情况下是围绕核心信息展开的,【效果】菜单中纯粹为了视觉冲击力的功能较少,在此列举出的追求特殊效果的具有艺术风格的元素,常在封面图中用作配景素材,在论文摘要图(TOC)中出现较少。

6.2.2 模糊可以增加画面的层次

【效果】|【模糊】菜单中的模糊效果也是在图像设计中常用的效果,如图6-16所示。

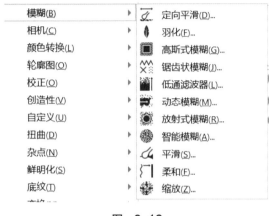

图 6-16

1. 高斯式模糊。

高斯模糊将图像元素均匀模糊,常用于处理图像特殊视觉效果,图像模糊半径数值增加,图像模糊程度增加,如图6-17所示。

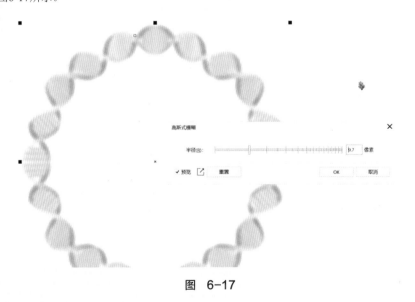

图 6-17

2. 动态模糊。

动态模糊是按设定好的方向模拟运动拉伸的视觉效果,如图6-18所示,当运动【方向】设置为0时,原本清晰的矢量图形会沿着水平方向产生具有拉伸效果的模糊。

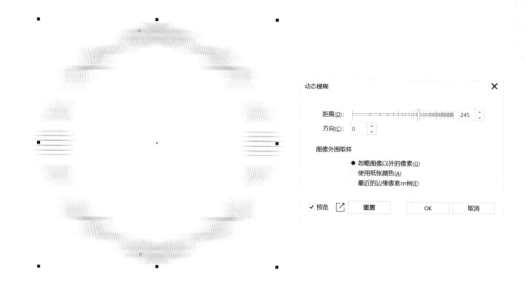

图 6-18

模糊在封面效果中应用较多,在常规的TOC图中应用较少,科技图像的核心还是将图像中已经画出来的细节看清楚,模糊大多出现在运动拖尾、营造画面空间等方面。

6.2.3　三维效果产生的立体效果

菜单中的【效果】|【三维效果】命令(见图6-19)可以为图像元素增加符合三维视觉效果的透视变化及立体化效果,进而产生符合视觉习惯的结构变化。

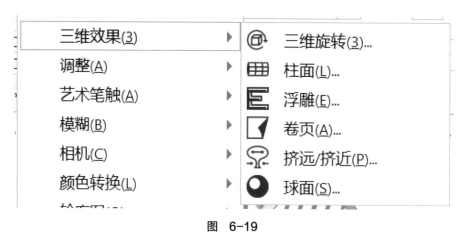

图 6-19

1.　三维旋转。

【三维旋转】命令以虚拟立方体结构为控制器调整画布上对应结构的角度,也可以通过参数对空间旋转进行精准控制,如图6-20所示。

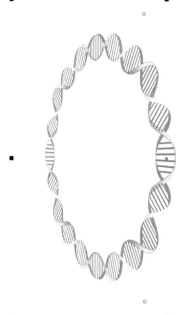
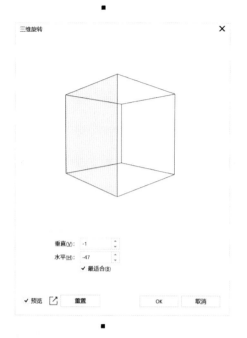

图　6-20

2. 浮雕。

浮雕效果可以为结构增加高光与投影，增加结构在视觉上的分量感，如图6-21所示。

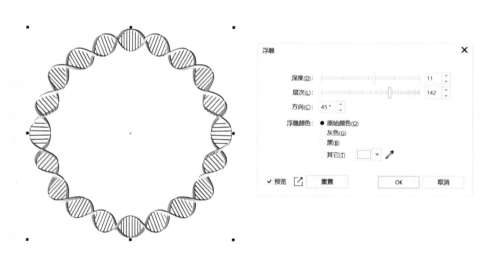

图　6-21

　　【效果】菜单中包含大量为图像对象增加视觉效果的功能，且不同的视觉效果可以组合使用。【效果】菜单中图像效果主要基于将元素对象整体当作位图图像来处理，除了这些效果之外，使用CorelDRAW工具箱中的工具可以为矢量图像的变形提供多种可能性。

6.3 工具箱中的立体化工具包

图像绘制是对结构的绘制，图像绘制有一定的欺骗性，尤其是在立体结构的绘制方面。结构的立体感一方面来自于结构本身的透视，另外一方面来自于阴影和投影。

6.3.1 阴影与块状阴影

在工具箱中，长按"阴影"工具 ，展开系列立体化工具，如图6-22所示。

图 6-22

1. 阴影工具。

选择"阴影"工具 从结构上产生阴影的起点处拖曳，即可产生阴影，如图6-23所示。阴影工具创建的阴影结构与原始结构轮廓一致，呈浅灰色模糊状，只需准确选择投射的起点和终点，就可以简单便捷地创造出很符合日常视觉习惯的阴影效果。

阴影工具可以再次进行编辑调整，改变阴影的位置和方向，如图6-24所示。

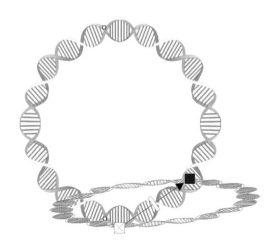

图 6-23

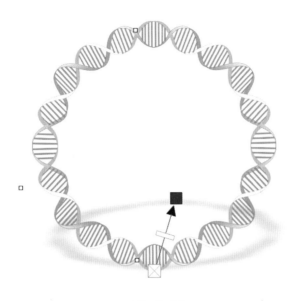

图 6-24

2. 块阴影。

工具箱中的"块阴影"工具✏是从结构整体拖曳产生与结构轮廓一致的厚度阴影，厚度阴影默认为纯黑色，如图6-25所示。

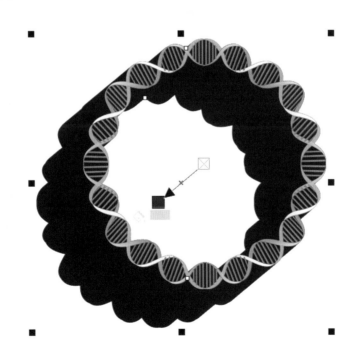

图 6-25

调整块阴影末端的色块⬏，或者在顶部快捷区单击油漆桶填色，可以改变块阴影的颜色，如图6-26所示。

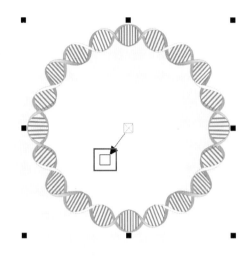

图 6-26

6.3.2 用封套工具来改变结构整体外形

　　"封套"工具 ⬚ 可以对对象及对象群组进行任意变形，在图形构建，或者当图形结构发生变化时产生变形。单击封套工具在画布上选定的对象结构外轮廓生成变形器，如图6-27所示。

图 6-27

　　用鼠标左键按住封套工具外轮廓上的控制点拖曳，可改变封套形状，进而改变封套中选定结构的整体形状，如图6-28所示。

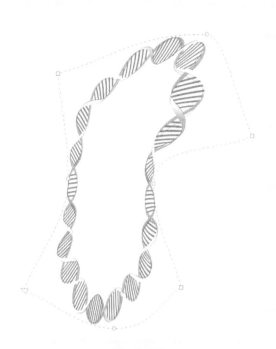

图　6-28

封套对结构的改变可以通过再次使用封套工具进行，也可以单击顶部快捷菜单中的"清除封套"将已有封套清除，达到还原初始结构的效果，如图6-29所示。

图　6-29

6.3.3　立体化工具

工具箱中的"立体化"工具❖可以将已完成的图像处理为立体结构，选择原始图像之后，用立体化工具拖曳，即可生成向空间方向延伸的立体结构，如图6-30所示。

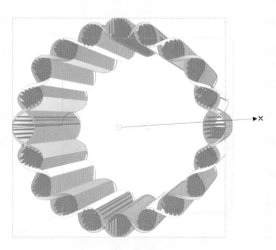

图　6-30

105

在顶部快捷区下拉菜单中，可以选择希望构建的立体结构透视方式，如图6-31所示。

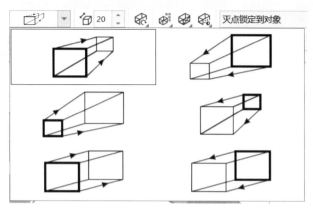

图 6-31

立体化工具会基于前景每一条轮廓线产生结构合理的内外立体结构，如图6-32所示。

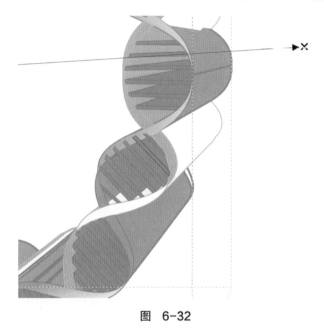

图 6-32

第7章
文字工具

本章学习目标:

● 学习理解科技图像中的文字排版

● 学习文字工具使用方法,学习特殊字符输入

● 了解CorelDRAW的段落文字排版功能和文字校对功能

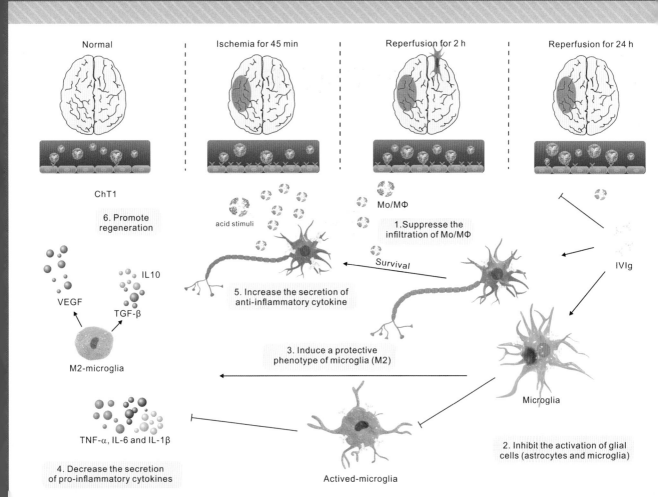

7.1 创建文字的方法

矢量软件在文字标注方面是最具优势的。在科技图像中文字是图像的装饰和点缀，文字与科技图像就像扣子对衣服的作用，下面介绍CorelDRAW中如何创建文字。

7.1.1 文字创建与常规参数设置

1. 文字创建。

在工具箱中选择"文字"工具 **字**，在画布上要创建文字的位置单击，用键盘输入文字，如图7-1所示。

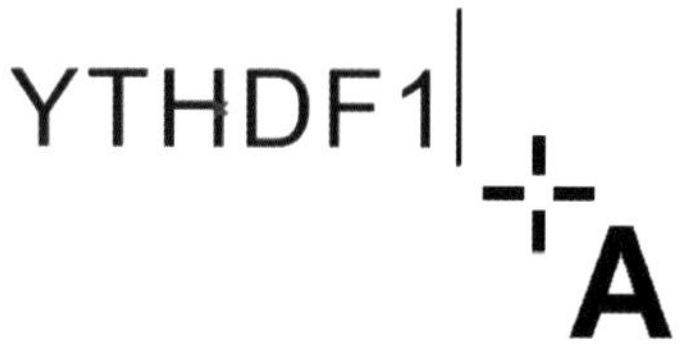

YTHDF1

图 7-1

文字输入完成之后，在工具箱中选择"挑选"工具 ，结束文字输入状态。输入完成的字符，可以跟图形对象一样调整大小以及旋转角度，如图7-2所示。

YTHDF1

图 7-2

选择工具箱中的"形状"工具 ，拖曳字符下面的小方块，可以移动个别字符的位置，如图7-3所示。

YTHDF1

图 7-3

2. 更换字体。

单击字体列表 ，可以看到系统中的所有字体，在字体列表顶部点击 图标开启字体预览。在字体列表中选择不同字体，下方字体预览区会出现当前画布上文字内容的实时字体变化，如图7-4所示。字体预览关闭则只能从画布上看到字体的变化。

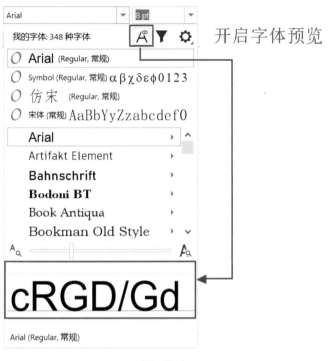

图 7-4

3．字体颜色设置。

展开泊坞窗中的"属性"选项卡，系统默认字体颜色为黑色均匀填充，如图7-5所示。

图 7-5

单击均匀填充后的填色框 ■■▾，在展开的调色板中选择颜色可以为当前画布上选定的字体设置颜色，如图7-6所示。

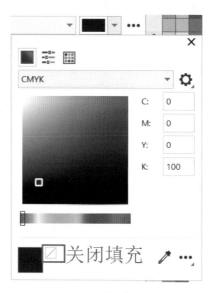

图 7-6

单击均匀填充最后的 ●●● 图标，展开完整的设置选项卡，如图7-7所示。

图 7-7

科技图像中一般使用标准字体，使画面显得端庄大气，且阅读起来一目了然，例如Arial、Times New Roman等；不会使用过于花哨和难以辨认的字体。

7.1.2 科研特殊字符输入与调整

1. 上标与下标

科技图像中经常需要输入生物化学领域的学术符号，例如希腊字符或者化学符号的上下标。

展开"属性"选项卡折叠区，如图7-8所示。

图 7-8

双击画布上需要编辑的文字进入编辑状态，选取要改变为下标的字符，如图7-9所示，在"属性"选项卡中，单击字符位置 X_2^x，在下拉列表中选择下标（自动）。

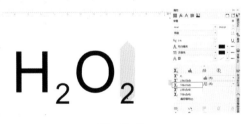

图 7-9

将字符设定为上标或者下标后，在字符位置一栏可以对字符位置进行上下微调，如图7-10所示。

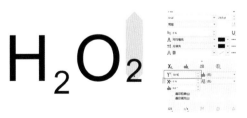

图 7-10

还可以调整下标与其他字符之间的水平空隙间距，如图7-11所示。

图 7-11

2．希腊字符。

生物领域图像中经常会用到希腊字符，选择菜单【文本】|【字形】命令开启"字形"选项卡，如图7-12所示。在其中，查找对应希腊字符，使用过的字符会出现在字符一栏最上方"最近使用的字形"区域，可以快速选择，以便节省后续使用时查找的时间，如图7-13所示。

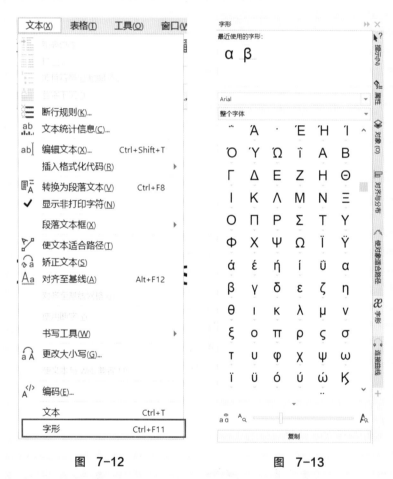

图 7-12　　　　　　　　　　　　图 7-13

在字体列表一栏中将字体切换为Symbol，字符框中对应的字符会随之发生变化，如图7-14所示。

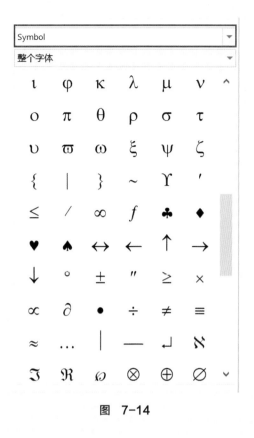

图 7-14

7.1.3 科技图像中常见的文字调整方法

1. 借用属性滴管调整文字格式。

科技图像中文字标注是不可缺少的，从信息角度看，图像中的文字是配合结构形体完善信息的重要支撑；从图像美观角度看，文字是图像的点缀，让图像更加丰富并有节奏感。在图像修改过程中，文字也会跟图像元素一样经历反复修改。

当文字数量不多时，可以选择文字，逐一修改；当要修改的文字较多时，可以尝试用工具箱中的属性滴管工具提升修改效率。

将第一组文字修改好字体与大小后，选择工具箱中"滴管"工具 ，在展开的工具集中选择"属性滴管"，如图7-15所示。

图 7-15

用属性滴管在调整好的文字上单击吸取文字格式，如图7-16所示。

113

YTHDF1

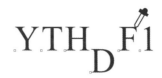

图 7-16

将鼠标移到要修改的文字上，鼠标会变为油漆桶填充状态，如图7-17所示，用油漆桶在文字上单击，即可将当前文字与之前所吸取文字的格式统一，如图7-18所示。

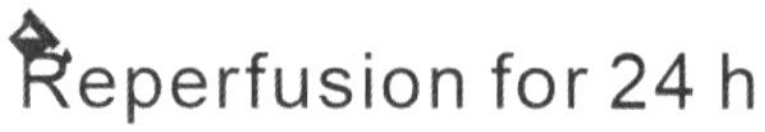

Reperfusion for 24 h

图 7-17

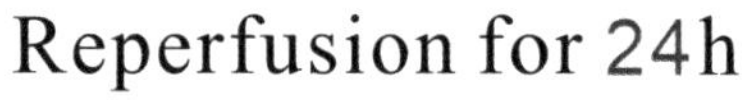

Reperfusion for 24h

图 7-18

滴管属性吸取格式之后，可以多次单击，改变多组文字格式。

2. 属性滴管设置

选择“属性滴管”之后，在顶部快捷区展开“属性”选项卡，取消选中“轮廓”“填充”复选框，属性滴管可以只吸取文本格式，而不吸取颜色属性，如图7-19所示。

属性
变换
属性
轮廓
填充
文本

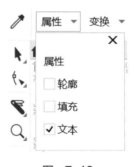

图 7-19

设置好之后用属性滴管工具再次吸取目标字体的格式，将其移动到要改变格式的文字上，如图7-20所示。

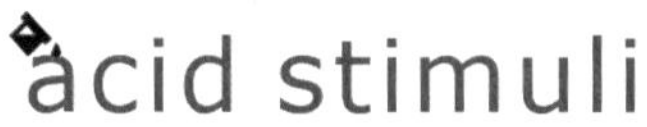

acid stimuli

图 7-20

单击之后文字只有格式和大小等文本属性发生了变化，颜色依然维持不变，如图7-21所示。

acid stimuli

图　7-21

3. 大小写调整。

菜单中的【文本】|【更改大小写】命令可以对已经输入的字符进行大小写自动转换，如图7-22所示。选择文字之后在"更改大小写"命令中选择文字切换方式即可，如图7-23所示。

图　7-22　　　　　　　　　　　图　7-23

切换之后字体维持之前设置好的色彩、格式、大小和位置，如图7-24所示。

ACID STIMULI

图　7-24

字体转化功能可以按照文字书写习惯智能切换大小写的呈现方式，如图7-25所示。

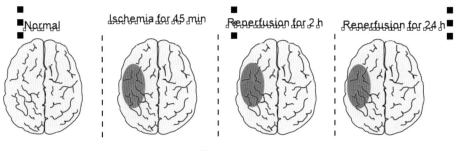

Acid Stimuli

图 7-25

1. 对齐与分布。

对齐菜单

当图像中存在多组文本时，用工具箱中的"挑选"工具 选中一组文本，然后按住Shift键逐一选中，可以同时选中多组文本，如图7-26所示。

图 7-26

执行菜单【对象】|【对齐与分布】|【底部对齐】命令，如图7-27所示，可以将画布上选定所有文本的底部对齐，如图7-28所示。

图 7-27

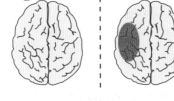

图 7-28

选项卡中的对齐

在泊坞窗中选择"对齐与分布"选项卡，在其中选择合适的对齐方式，并单击对应的图标同样可以进行对齐操作，如图7-29所示。

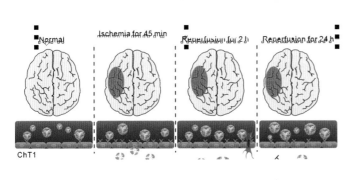

图 7-29

7.2 创建段落文本及大量文字编辑方式

少量文字在创建完成之后，按照图像的方式调整排列即可，但是对于大量文字，使用段落文本将会对文字后续修改调整更有帮助。下面介绍段落文本的创建方法。

7.2.1 段落文本创建与转化

1. 段落文本的创建。

CorelDRAW不仅可以编辑少量文字，也可以编辑大量文字。选择工具箱中的"文字"工具**字**，在画布上拖曳出矩形文本框，如图7-30所示。

图 7-30

在文本框中可以输入大量文字，如图7-31所示。

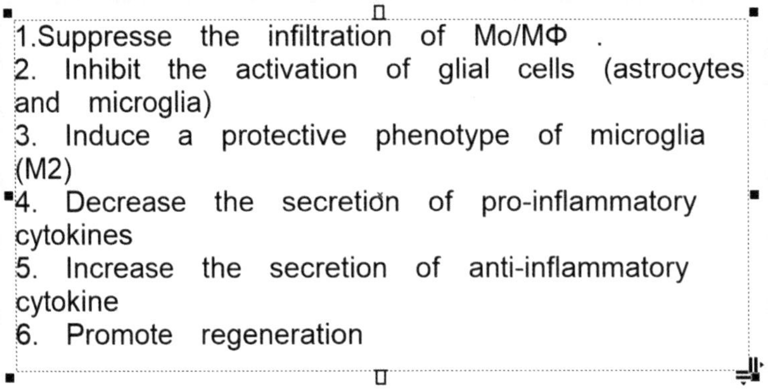

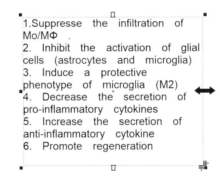

图 7-31

　　输入完成之后，用"挑选"工具，拖曳文本框外边缘，改变文本框的宽高比，可以看到文本框中的文字会自动排列以适应文本框的变化，文字字体不会因为该调整而挤压变形，如图7-32所示。

图 7-32

2. 段落文本转化。

　　在创建的文本上右击，在弹出的快捷菜单中选择"转换为段落文本"命令，如图7-33所示，可以将文字转化为带文本框的段落文本。

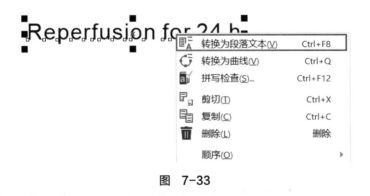

图 7-33

在创建的段落文本上右击，在弹出的快捷菜单中选择"转换为美术字"命令，如图7-34所示，可以将段落文本转换为普通文本。

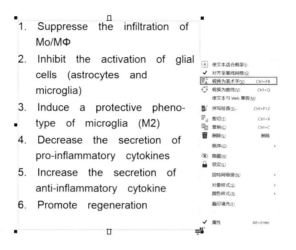

图 7-34

➢ 1. 段落文本将文本框作为一个整体图形来计算，在画布上调整文本框不会导致文字丢失、变形，适用于大量文字的编辑处理。

➢ 2. 普通文本是由一个个文字字符构建的松散的群组图形，适用于单独的词组处理及图形的变形。

7.2.2 段落文字修改与编辑方式

1. 段落间隙调整

在泊坞窗中的"属性"选项卡中，可以对段落文字进行进一步的调整和编辑，例如可以调整段落之间的距离，如图7-35所示。

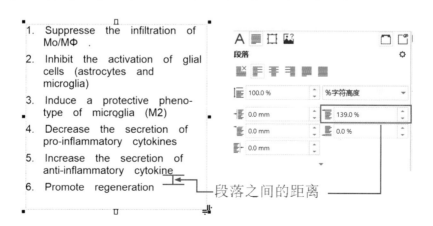

图 7-35

CorelDRAW中将行间距区分为段落之间的距离及段落内部行与行之间的距离，如图7-36所示。

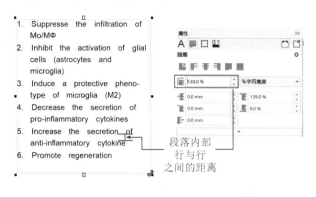

图 7-36

2. 双栏排版。

在泊坞窗的"属性"选项卡中单击文本框口，在文本框中将列数设置为2，可将文本框中的大段文字自动调整为两列，如图7-37所示。

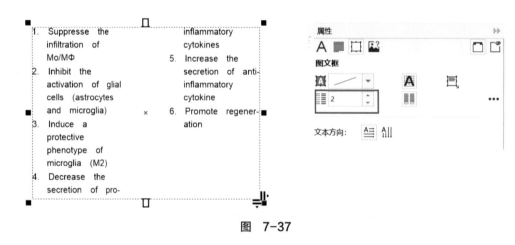

图 7-37

3. 大小写更改。

段落文本同样可以进行文本相关的操作。选择菜单【文本】|【更改大小写】命令，在弹出的【更改大小写】对话框中选择【首字母大写】单选按钮，可将整段文字中的首字母改为大写，如图7-38所示。

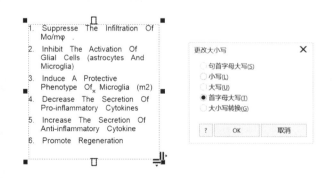

图 7-38

1. 文字内容校正工具

CorelDRAW在文字排版与编辑校正方面也有出色的表现，选择菜单【文本】|【书写工具】|【拼写检查】命令，如图7-39所示。可以对选定文本框中的内容进行检查和替换，如图7-40所示。

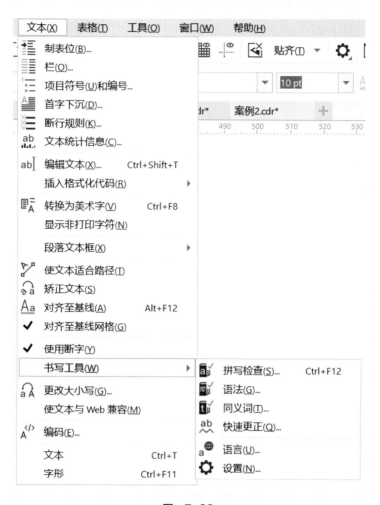

图 7-39

图 7-40

7.3 文字变形方法

在科技图像中太过于花哨的文字是不合时宜的，但是文字配合图形结构产生一点变形，例如：贴合圆形结构的文字或者贴合弧线结构的文字是科技图像中常用的方式，路径文字是解决此类变形需求的最优方法。

7.3.1 常见的路径文字

用工具箱中的"贝塞尔"曲线 ✎ 绘制曲线，在泊坞窗的"属性"选项卡中为绘制的曲段增加箭头，如图7-41所示。

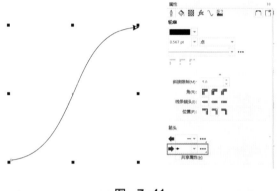

图 7-41

在画布上创建文本，选择菜单【文本】|【使文本适合路径】命令后将鼠标移动到曲线段上，在辅助结构帮助下，选择合适的位置以及文字与箭头之间合适的间隙后，单击确认，将文字附着在曲线上，如图7-42所示。

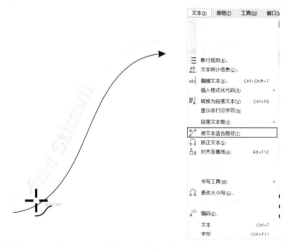

图 7-42

用"形状"工具 ▶ 选中路径，可以对路径的方向、弧度进行调整，如图7-43所示。当路径发生变化时，文字会随之发生变化。

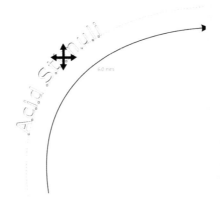

图　7-43

选择工具箱中的"挑选"工具 ，用"挑选"工具选择曲线上的文字，拖曳移动文字，可以改变文字在箭头上的相对位置，而不改变文字与路径的贴合关系，如图7-44所示。

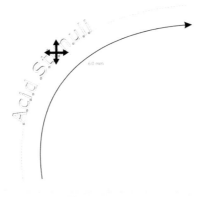

图　7-44

用"文字"工具 字 单击曲线上的文字，可以重新录入文字内容或者删除内容，如图7-45所示。

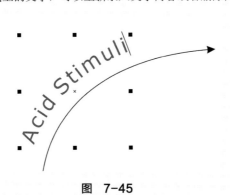

图　7-45

路径上的文字依然可以按照之前其他文本的编辑方式在顶部快捷区或者在泊坞窗的"属性"选项卡中进行颜色、字号、字体等的修改。

　　文字完成调整之后，右击，在弹出的快捷菜单中选择"转换为曲线"命令，可以将文字转化为图形对象，如图7-46所示。

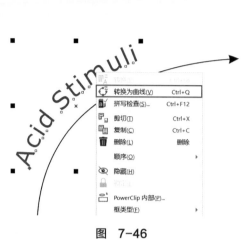

图　7-46

　　转化之后的文字可以脱离曲线独立存在，可以移动和旋转，文字的形式依然可以维持之前在曲线段上的形态，如图7-47所示。这一属性使得路径文字不仅可以用在依附路径上，也可以用来制作一些特殊的文字弯曲效果。

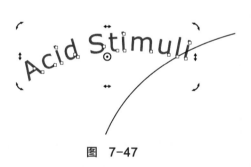

图　7-47

第3部分
应用篇

第8章
综合案例

本章学习目标：

- 系统学习几种常见科技图像的构成方法
- 通过案例强化软件使用的连贯性
- 增补学习软件小功能，对软件的使用方法查漏补缺

8.1 矢量图形与位图配合构建的科技图像

本节介绍矢量图形与位图配合构建科技图像的方法与技巧。

8.1.1 血管与间皮细胞

步骤1：新建A4大小的空白画布，如图8-1所示。

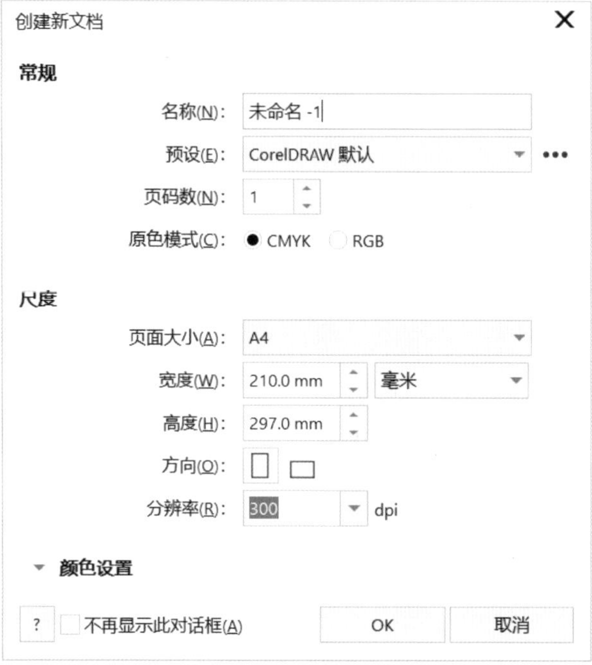

创建新文档

常规

名称(N)：　未命名 -1

预设(F)：　CorelDRAW 默认　●●●

页码数(N)：　1

原色模式(C)：　● CMYK　○ RGB

尺度

页面大小(A)：　A4

宽度(W)：　210.0 mm　毫米

高度(H)：　297.0 mm

方向(O)：　□　▭

分辨率(R)：　300　dpi

▼ **颜色设置**

?　□ 不再显示此对话框(A)　　OK　　取消

图 8-1

步骤2：用工具箱中的"矩形"工具 □ 在画布上绘制基础矩形，如图8-2所示。用"形状"工具 ↖ 拖曳矩形任意一个顶角，将矩形调整为圆角，如图8-3所示。

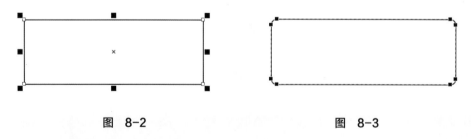

图 8-2　　　　　　　　　图 8-3

步骤3：展开泊坞窗中的"属性"选项卡，单击渐变填充图标 ◢，为矩形填充渐变色，如图8-4所示。

步骤4：用工具箱中的"交互式填充"工具 ◇ 调整渐变方向，如图8-5所示。

步骤5：调整好之后单击"挑选"工具 ↖ 回到主界面，在泊坞窗右侧的调色区，单击鼠标右键关闭描边色，如图8-6所示。

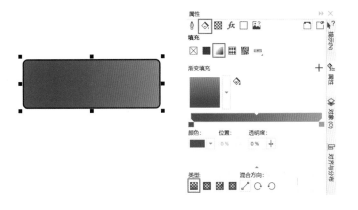

图 8-4

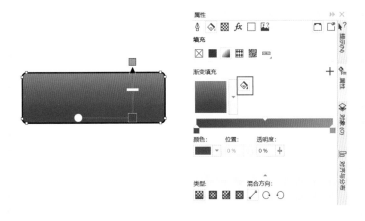

图 8-5

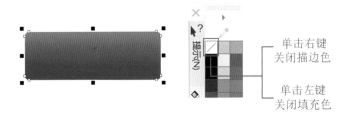

单击右键
关闭描边色

单击左键
关闭填充色

图 8-6

步骤6：将第3章中绘制完成的间皮细胞编组后拖曳到当前画布上，如图8-7所示。

图 8-7

步骤7：在顶部快捷区调整画布视图，将视图大小设定为"到选定部分"，如图8-8所示。

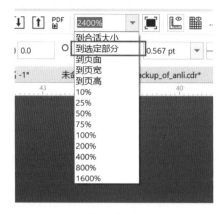

图 8-8

步骤8：选择工具箱中的"测量"工具 ✎，用左键单击间皮细胞外边缘，然后按住鼠标不放，沿着间皮细胞中轴线横向拖曳至间皮细胞的另外一端，如图8-9所示。

图 8-9

步骤9：将"测量"工具向下拉得到7.44mm的测量数据，如图8-10所示。

图 8-10

> ◎注意·◎
>
> 这段测量数据仅仅为后续操作提供参数，不需要考虑美观度。

步骤10：在菜单中执行【编辑】|【步长和重复】命令，调出泊坞窗中的"步长和重复"选项卡，在其中的水平设置中输入刚才测量获得的数值7.44mm，垂直偏移数值设置为0，份数设置为4。设置好之后回到画布上，删除刚才测量的数值，单击间皮细胞，让间皮细胞处于选中状态，单击"步长和重复"选项卡中的"应用"按钮，可一键完成复制，如图8-11所示。

图 8-11

8.1.2 绘制抗体结构

步骤1：用工具箱中的"贝塞尔"工具 在画布上单击创建刚性锚点，绘制如图8-12所示的结构。

图 8-12

步骤2：在泊坞窗的"轮廓"属性中，将轮廓线宽度改为1.0 pt，将"线条端头"设置为圆头，如图8-13所示。

图 8-13

步骤3：选择菜单【对象】|【将轮廓转化为曲线】命令，将结构转化为闭合的曲线图形，为结构设置纯色填充以及描边，如图8-14所示。

步骤4：复制结构，在顶部快捷区单击镜像 图标获得如图8-15所示的结构。

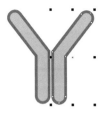

图 8-14　　　　　　图 8-15

步骤5：将结构编组并放置好位置，如图8-16所示。

图 8-16

8.1.3　导入位图图像

步骤1：选择菜单【文件】|【导入】命令，将三维软件中制作的抗体和纳米药物元素导入当前画布，如图8-17所示。

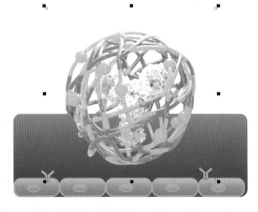

图　8-17

步骤2：用"形状"工具，调整导入图像的大小及位置，复制多个元素，按照要表达的四个阶段分布排列不同的抗体和纳米药物，如图8-18所示。

图　8-18

步骤3：导入神经细胞等更多三维元素，如图8-19所示。

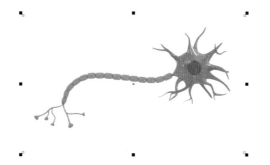

图 8-19

步骤4：复制该元素，选择菜单【效果】|【调整】|【色调/饱和度/亮度】命令，在弹出的对话框中调整参数，为元素换一个颜色，如图8-20所示。

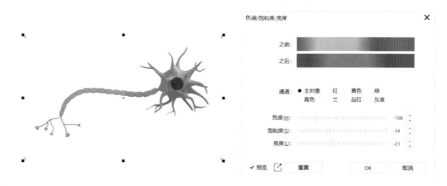

图 8-20

步骤5：将调好色的元素与其他元素一起在画布上按照学科信息排列好，为元素之间增加箭头关系，如图8-21所示。

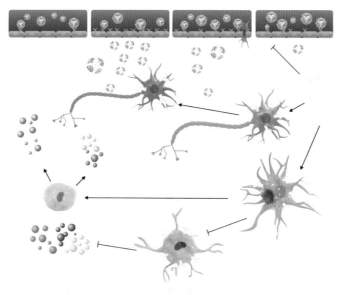

图 8-21

步骤1：用工具箱中的"手绘"工具 沿着参考图的轮廓绘制大脑结构，如图8-22所示。

步骤2：绘制完成之后，为结构增加填充色，如图8-23所示。

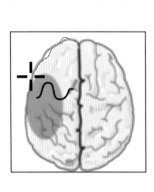

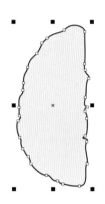

图 8-22 　　　　　　　　　 图 8-23

步骤3：在"属性"选项卡中降低图像的均匀透明度，如图8-24所示。

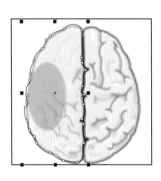

图 8-24

步骤4：用"贝塞尔"工具继续绘制其他部分，绘制完成后，将之前调为透明的底色调回原色，如图8-25所示。

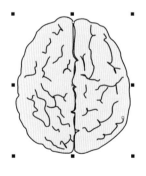

图 8-25

科技绘图：科研论文图、论文配图设计与创作自学手册：CorelDRAW篇

步骤5：用"椭圆形"工具为大脑增加一块脑梗区域，再将大脑及脑梗示意图与之前的元素分别对应起来，如图8-26所示。

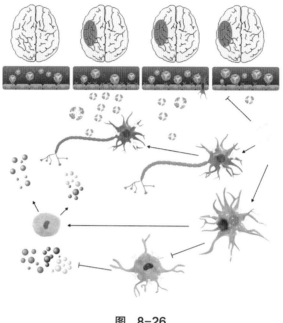

图 8-26

8.1.5 增加标注

步骤1：用工具箱中的"文字"工具**字**为图像增加文字标注，将文字放置在对应的元素下方，如图8-27所示。

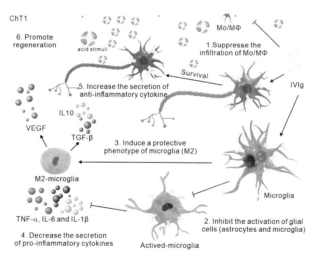

图 8-27

步骤2：单击快捷区的标尺与参考线 图标开启标尺与参考线，在参考线辅助下调整文字的位置，如图8-28所示。

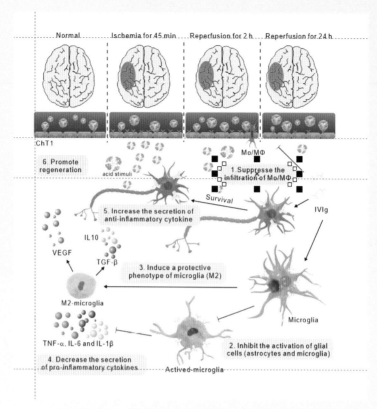

图　8-28

　　步骤 3：选择菜单【文件】|【导出】命令，在弹出的"导出到JPEG"对话框中设置质量以及颜色模式，如图8-29所示。

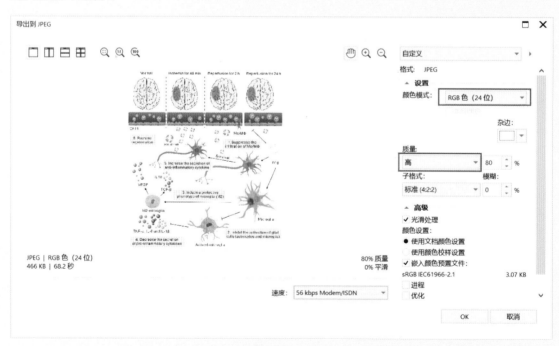

图　8-29

8.2 CorelDRAW在科技图像排版中的应用

本节介绍CorelDRAW在科技图像排版中的具体应用。

8.2.1 电镜图像导入与裁切

步骤1：新建画布，选择菜单【文件】|【导入】命令，将图像导入到画布，如图8-30所示。

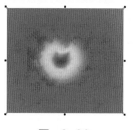

图 8-30

步骤2：用"矩形"工具□在画布上绘制矩形，用"形状"工具⬚调整矩形，如图8-31所示。将调整好的矩形放在一边，并复制出一个作为备份。

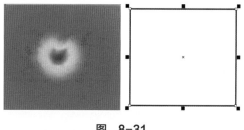

图 8-31

步骤3：右击导入的图像，在弹出的快捷菜单中选择"PowerClip内部"命令，鼠标变为箭头形状，如图8-32所示。

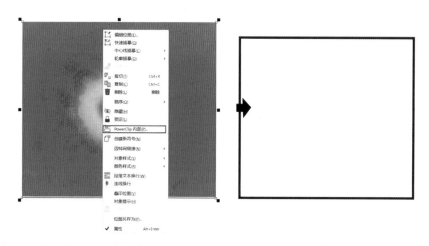

图 8-32

步骤4：用箭头单击图中的黑色矩形框，可将导入的图像装入黑色矩形框内，图像大于矩形框的部分被裁剪，如图8-33所示。裁剪之后单击外框关闭黑色轮廓边。

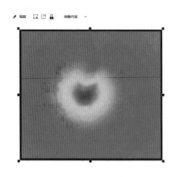

图 8-33

软件小知识：PowerClip 裁剪框

PowerClip裁剪框可以将选定对象装入指定的外轮廓。利用裁剪框可以将图形裁剪成各种不同的形状，如图8-34所示。

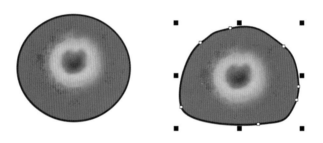

图 8-34

PowerClip裁剪框对图像是虚拟裁剪，并不会影响原始图像尺寸。单击"编辑"按钮，可进入裁剪框之内。可以用"挑选"工具 ᐅ 再次调整图像的裁剪位置、尺寸、角度及范围等，如图8-35所示。

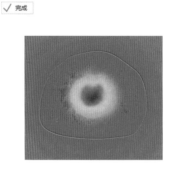

图 8-35

用"形状"工具 ᐟ 单击锚点，可对裁剪框进一步调整，如图8-36所示。

136

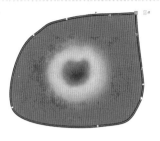

图 8-36

步骤5：用同样方法导入其他图像，用之前的矩形复制出多个矩形框，对导入图像逐一裁剪。无论导入图像尺寸多大，都可以调整到统一的大小，如图8-37所示。

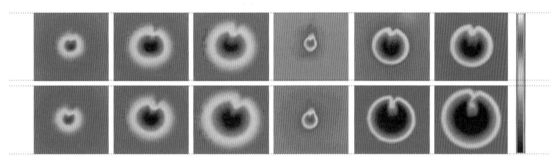

图 8-37

8.2.2 数据图像优化与调整

步骤1：将数据软件中获得的数据图按Ctrl+C快捷键复制，按Ctrl+V快捷键粘贴入画布，如图8-38所示。

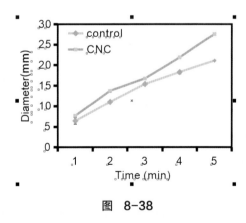

图 8-38

◎注意·◎

数据图用jpg或png等位图图像格式导入CorelDRAW会失去编辑属性，用EMF格式或者复制粘贴进入画布可以维持矢量状态，以便后续的编辑。

步骤2：粘贴的数据一般会以群组状态存在，在数据图像上右击，在弹出的快捷菜单中选择"取消群组"命令（见图8-39）将数据图上所有线条与数据解除群组，以便编辑调整。

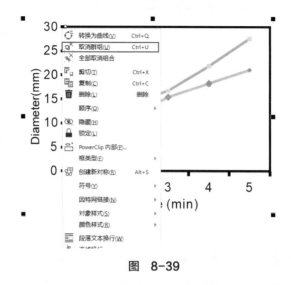

图 8-39

步骤3：用"形状"工具 选中数据图边框线，将边框线调整为1.0 pt，如图8-40所示。

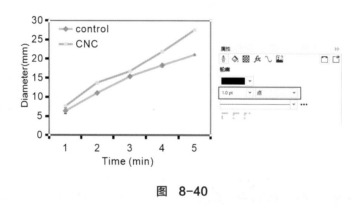

图 8-40

◎注意·◦

　　科技图像中的数据是科学研究结论的关键参数，对数据图的美化调整仅限于调整边框精细度，为线段优化配色等方面，不能用图像软件改变数据参数。在图像调整时，务必维持数据图原始位置，在原始位置上调整好线段参数之后，要整体编组后再进行位移调整，千万不能让图中原始数据产生偏差而影响科研学术的结论。

8.2.3　文字统一标准化

步骤1：将各组数据图调整好之后编组，启用快捷区的标尺与参考线 ，用参考线核准画布上每组元素对应的位置，如图8-41所示。

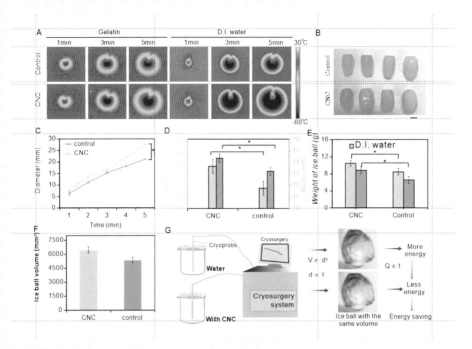

图 8-41

步骤2：选择工具箱中的"属性滴管"工具 ✐，在快捷区仅选中"文本"复选框，选择图中设定好字体及大小的文字，单击图中不符合规则的字体，将图中所有字体统一，如图8-42所示。

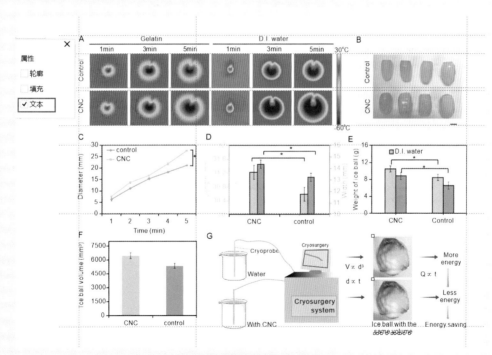

图 8-42

步骤3：设置完成之后，选择菜单【文件】|【导出】命令，导出JPG或者PNG格式图像，获得最终图像。

8.3 常见矢量生物信息图

本节介绍一些常见矢量生物信息图的绘制。

8.3.1 制作纳米颗粒合成途径

步骤1：打开3.2.1节中绘制的纳米结构，如图8-43所示。

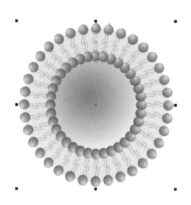

图 8-43

步骤2：用工具箱中的"矩形"工具□和"椭圆形"工具○制作纳米颗粒表面的蛋白。用"矩形"工具和"椭圆形"工具在画布上绘制基础矩形和椭圆形，将矩形与椭圆形融合，增加填色形成圆柱，在圆柱正中间增加深色矩形条，如图8-44所示。

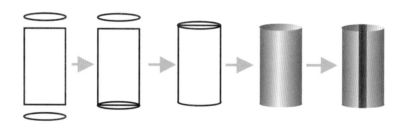

图 8-44

步骤3：框选图像后编组，选择工具箱中的"封套"工具▨，调整圆柱体外轮廓，如图8-45所示。

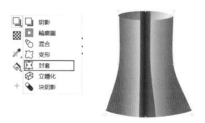

图 8-45

步骤4：调整好之后将蛋白放置在纳米结构上，如图8-46所示。框选后按下组合键Ctrl+G将结构编组。将完成的纳米结构空腔部分放置在流程图第一个环节。

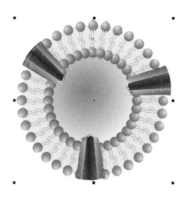

图 8-46

步骤5：复制纳米结构空腔部分，放在流程图第二个环节，用工具箱中的"手绘"工具 $\sim$ 在纳米结构空腔中绘制DNA结构，如图8-47所示。

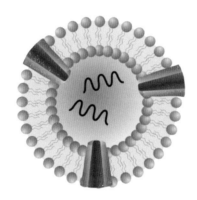

图 8-47

步骤6：将DNA结构颜色改为橙红色，将其与纳米结构一起框选，按下组合键Ctrl+G编组，再复制一个结构移到流程图第三个环节，如图8-48所示。

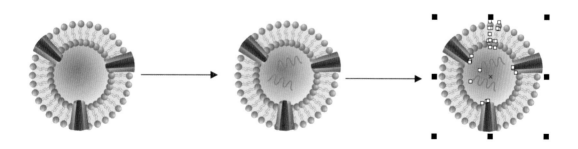

图 8-48

步骤7：用"手绘"工具 ✏️ 绘制抗体结构，如图8-49所示。在调色区中单击为结构填色，如图8-50所示。将绘制好的结构框选，按下组合键Ctrl+G编组。

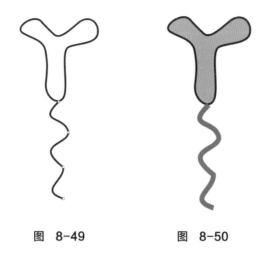

图 8-49　　　　　　图 8-50

将编组之后的结构旋转，放置到合适的位置，如图8-51所示。

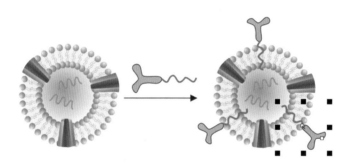

图 8-51

步骤9：用"椭圆形"工具 ⭕ 和"手绘"工具 ✏️ 绘制最后一组结构，如图8-52所示。

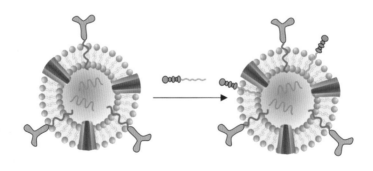

图 8-52

步骤10：用"文字"工具 **字** 为合成部分添加文字说明，如图8-53所示。

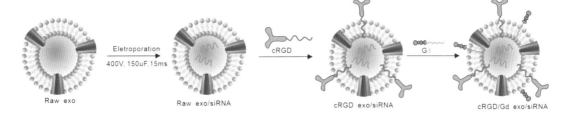

图　8-53

8.3.2　绘制血管与肿瘤细胞

　　步骤1：选择工具箱中的"艺术笔"工具 ✎ ，在画布上绘制几条曲线段，并调整艺术笔刷粗细，如图8-54所示。

图　8-54

　　步骤2：在结构上右击，在弹出的快捷菜单中选择"拆分艺术笔组"命令，如图8-55所示。将拆分之后的曲线删除，保留轮廓线。

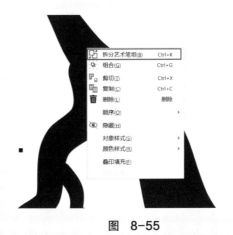

图　8-55

　　步骤3：为轮廓结构添加渐变色，完成血管的绘制，如图8-56所示。

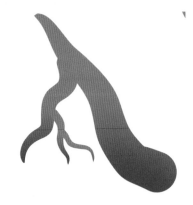

图 8-56

步骤4：调入4.1.2节中绘制的细胞结构，放置于血管附近，如图8-57所示。

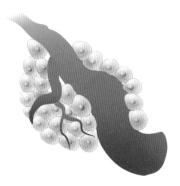

图 8-57

步骤5：用"手绘"工具在血管上绘制剖面结构，为剖面填充略深一些的颜色，如图8-58所示。将剖面结构复制，开启轮廓描边，关闭轮廓填色，如图8-59所示。

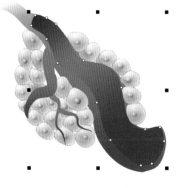

图 8-58

图 8-59

步骤6：增加轮廓描边的宽度。用"形状"工具 ，选中轮廓描边的拐角点，右击，在弹出的快捷菜单中选择"拆分"命令，如图8-60所示。

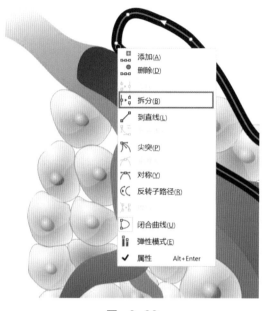

图 8-60

步骤7：选择菜单【对象】|【将轮廓转化为对象】命令，将拆分之后的曲线转化为轮廓线，为轮廓添加填充色，如图8-61所示。

步骤8：选中前面绘制的纳米结构群组，选择菜单【对象】|【转化为位图】命令，将矢量群组转化为位图图像，让纳米结构在血管中分散排列，如图8-62所示。

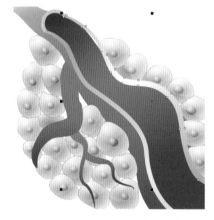

图 8-61

图 8-62

软件小知识：矢量转位图

在图像中经常遇到调整元素大小，尤其是可能会因为空间关系需要将某个元素调整为大小比例相差悬殊的情况。如果将画好的矢量图像编组之后直接缩放，矢量图像的描边线会因为过度缩放而变粗，如图8-63所示。

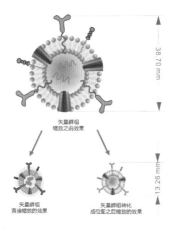

图　8-63

使用菜单【对象】|【转化为位图】命令可以将CorelDRAW中绘制完成的矢量群组元素直接合并成为一个图像元素，而无须经过导入导出的操作。转化之后的图像元素无论怎么缩放都不会有形状的变化。

8.3.3　绘制细胞中信息通路

步骤1：用"手绘"工具绘制细胞内吞结构，如图8-64所示。为前后轮廓对象添加不同的填色，如图8-65所示。

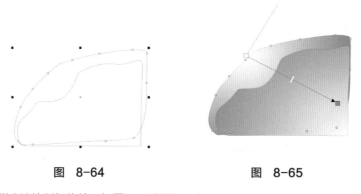

图　8-64　　　　　　　　　　图　8-65

步骤2：用同样方法绘制细胞核，如图8-66所示。

步骤3：框选绘制好的所有元素，按组合键Ctrl+G编组，选择工具箱中的"裁剪"工具，将边缘不整齐的图层裁剪整齐，如图8-67所示。调整好裁剪框之后，单击左上角的 ✓ 裁剪 图标确认裁剪。

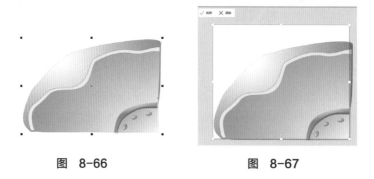

图　8-66　　　　　　　　　　图　8-67

步骤4：将细胞内的元素按照相互之间的关系摆放好，如图8-68所示。

步骤5：用"贝塞尔"曲线 ✍ 绘制箭头，将元素中的通路梳理清楚，如图8-69所示。

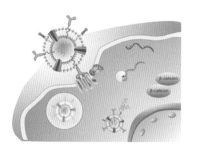

图 8-68   图 8-69

步骤6：用"文字"工具 **字** 为信息通路补充文字说明，如图8-70所示。

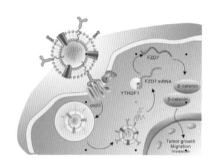

图 8-70

步骤7：在血管中增加免疫细胞及相关标注。用"矩形"工具 □ 为图像添加背景色之后导入图像，如图8-71所示。

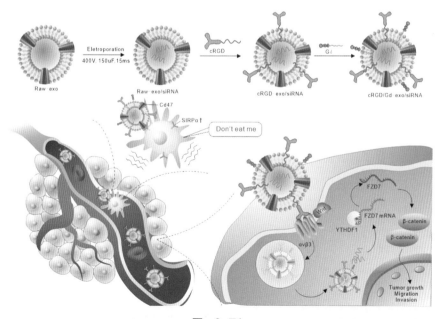

图 8-71

步骤8：保存文件后选择菜单【文件】|【导出】命令导出图像文件。

8.4 植物信息图制作

本节介绍一些植物信息图的制作方法。

8.4.1 绘制植物叶片

步骤1：新建画布，用"手绘"工具 在画布上绘制叶片结构，如图8-72所示。在"属性"选项卡中为结构添加渐变色，如图8-73所示。

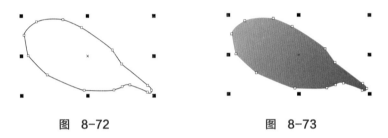

图 8-72　　　　　　　　　　图 8-73

步骤2：选择"艺术笔"工具，在快捷区选择笔刷形态，调整笔刷大小，绘制叶脉结构，如图8-74所示。

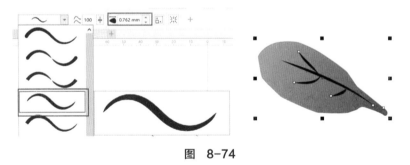

图 8-74

步骤3：在叶脉结构上右击，在弹出的快捷菜单中选择"拆分艺术笔组"命令，为叶脉填充颜色，如图8-75所示。

步骤4：按快捷键Ctrl+G将叶脉与叶片编组，复制之后单击快捷区的 图标镜像，获得右半边结构，如图8-76所示。

图 8-75　　　　　　　　　　图 8-76

步骤5：用"艺术笔"工具 ⤵ 绘制植物的主干与根系，如图8-77所示。

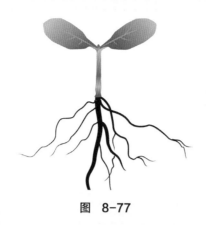

图 8-77

8.4.2 利用科研信息来完善构图

这张图主要呈现的是在特定植物上进行的化学变化。基础的植物信息捕捉到根与叶的特征即可，化学微量元素的出入和变化是图像的主要目的，图像的细节和美观度需要以科学信息的推进来完善补充。

步骤1：用"椭圆形"工具 ◯ 绘制正圆，并填充渐变色，如图8-78所示。

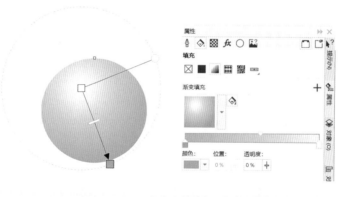

图 8-78

步骤2：用"文字"工具 **字** 增加标注字，调整文字大小，如图8-79所示，按组合键Ctrl+G将文字与正圆编组，方便后续复制与位移。

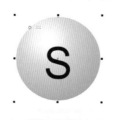

图 8-79

步骤3：用同样方法制作其他几个化学元素，如图8-80所示。

图 8-80

步骤 4： 在植物结构上按照研究内容分布化学元素信息，如图8-81所示。

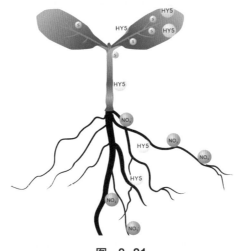

图 8-81

步骤 5： 用工具箱中的"钢笔"工具，沿着植物叶片到根系绘制曲线段，如图8-82所示。在"属性"选项卡中将描边线设置为1.0 pt，为描边线设置鲜亮的黄色，并开启箭头属性。

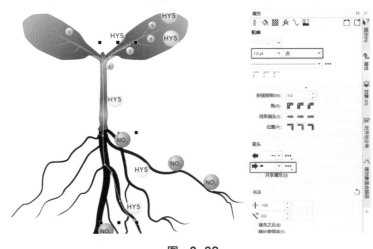

图 8-82

步骤 6： 选择工具箱中的"橡皮擦"工具，在顶部快捷区调整其粗细程度参数，调整好之后，用"橡皮擦"工具在曲线上需要断开的位置擦拭，断开的线段自动继承之前设置好的箭头，如图8-83所示。

软件小知识：橡皮擦

在工具箱中"裁剪"工具上长按，在弹出的下拉列表中选择"橡皮擦"工具。"橡皮擦"工具可以擦除画布上的各种对象，在擦除的部分将生成新的锚点，如图8-84所示。

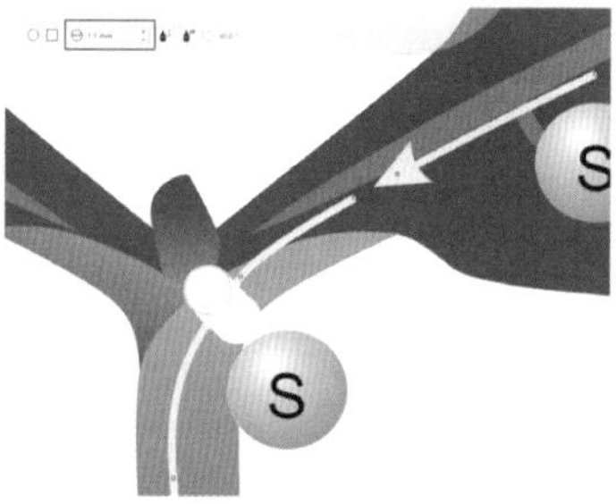

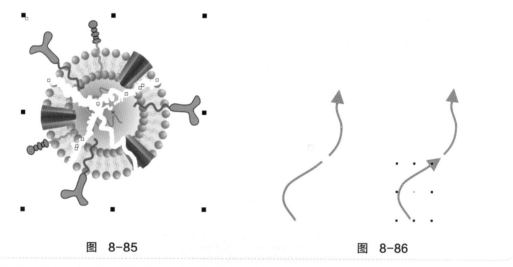

图 8-83 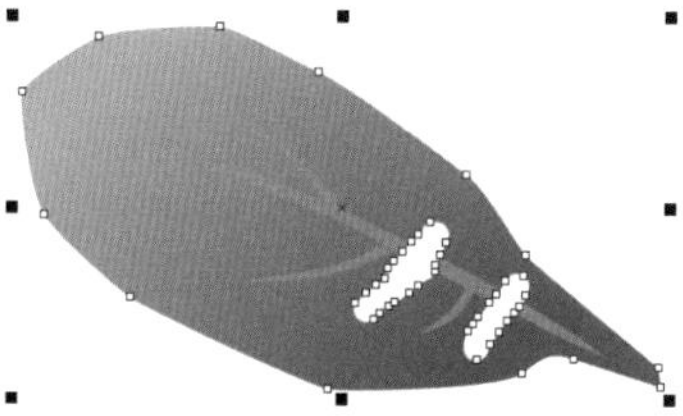　　　　　　　　　　　　　　　图 8-84

　　"橡皮擦"工具可以擦除导入的位图，或者矢量群组转化的位图结构，获得碎裂或者破损效果，如图8-85所示。

　　"橡皮擦"工具还可以擦除描边线段，描边线段断开之后依然保持之前的线段属性，如图8-86所示。在快捷区可以设置橡皮擦笔头的粗细 ⊖ 0.8 mm ⇡ ，以及笔头的形状 ○ □ 。

图 8-85　　　　　　　　　　　　　　　图 8-86

步骤7：为植物添加两条流动线条，如图8-87所示。

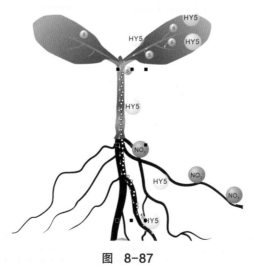

图 8-87

本案例的图像需要对比夜间植物运送状态和白天植物内部运输状态的差异，在左侧放置较少的化学元素，右侧放置较多的化学元素是基于内容的倾向，仅凭这点还不足以直观地将日夜对比、光照影响等信息融会贯通地呈现出来，需要再进一步考虑如何强化信息呈现方式。

步骤1：用"矩形"工具▢绘制几个矩形线框，去除描边，增加填色，如图8-88所示。

图 8-88

步骤2：将之前绘制完成的结构与背景结合，左侧表示夜晚，右侧表示白天，让植物的茎干正好处于背景的交界处，如图8-89所示。

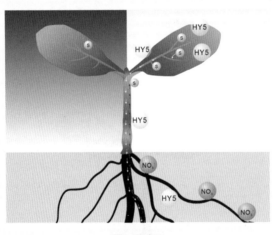

图 8-89

步骤3：在背景中分布绘制月亮、太阳符号，强化背景的对比信息，如图8-90所示。

步骤4：用"贝塞尔"曲线工具✐在画布上绘制曲线，如图8-91所示。

步骤5：用"挑选"工具▸选择曲线，用鼠标右键拖曳曲线，参考辅助线提示选择合适的拖曳位置，释放鼠标右键，在右键的快捷菜单中选择"复制"命令复制线条，如图8-92所示。

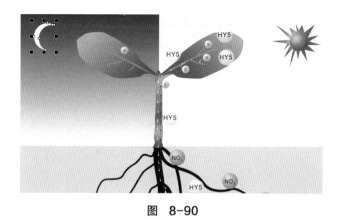

图　8-90

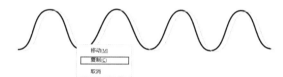

图　8-91

图　8-92

步骤6：用"形状"工具，调整线段首个锚点的位置，选择两条曲线，使用【对象】菜单中的【连接曲线】命令让曲线成为闭合线段，如图8-93所示。

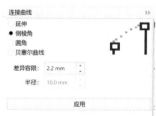

图　8-93

步骤7：复制结构，用"智能填充"工具 单击闭合区域为区域填色，如图8-94所示。DNA螺旋是相互穿插的结构，两端链条之间有遮挡关系，"智能填充"工具在线段交接区域形成新的色块，有助于构建相互有缠绕的前后关系。

图 8-94

步骤8：用"智能填充"工具完成填充之后，用"挑选"工具 ，选择相邻色块，单击顶部快捷区的焊接图标 ，将色块连接起来，如图8-95所示。

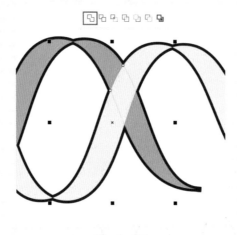

图 8-95

步骤9：在泊坞窗的"属性"选项卡中调整渐变的类型为线性，将排列切换到"重复和镜像" 状态，如图8-96所示。

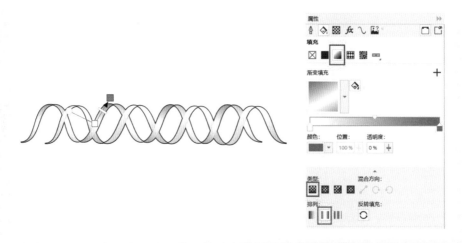

图 8-96

步骤10：将DNA信息增补到图像中，为图像加上标注和文字，如图8-97所示。最初的植物结构在背景信息和前景信息的夹击之下，处于正好提供了研究背景，又不会有过多细节抢镜的状态。

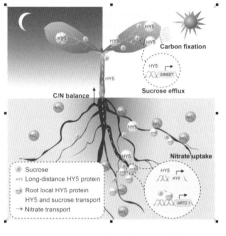

图 8-97

8.5 卡通风格封面制作

本节介绍如何进行卡通风格封面的制作。

8.5.1 制作框架草稿

作为专业的矢量图像软件，CorelDRAW的最大优势并不是线框合并及填色，而是图像绘制功能，CorelDRAW中各种自由画笔工具和手绘工具在图像绘制时流畅可控，熟练驾驭之后既方便绘制又方便修改。

步骤1：创建画布，期刊标题字需要一直在图像最前面显示，而图像绘制的过程中又不能干扰标题，所以，在泊坞窗的"对象"选项卡中将封面标题字整体放在"桌面"图层中并锁定图层，如图8-98所示。

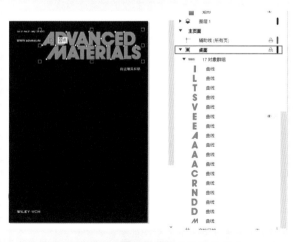

图 8-98

步骤2：黑色背景不方便画草图，为背景换一个底色，如图8-99所示。

这张图希望以牛郎织女的中国民间故事为背景来讲述电池的原理，牛郎织女故事中有3个特征点：

1. 角色特征：故事中有两个角色，仙女角色和农家种田的牛郎角色。

2. 情景特征：鹊桥，喜鹊，月夜。

3. 主题的学术特征：金属离子，氢氧根等学术因子。

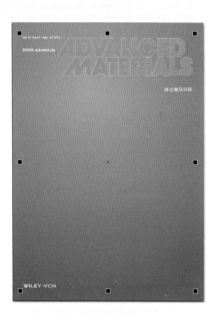

图 8-99

步骤3：根据前面的草图规划，用工具箱中的"手绘"工具 ┗╌ 大概勾勒一下画面上想要绘制的内容草稿，如图8-100所示。

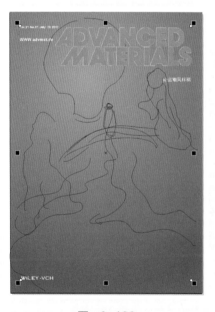

图 8-100

步骤4：在泊坞窗的"对象"选项卡中，将草稿线段放在同一个图层中，锁定图层，且关闭图层输出，如图8-101所示。

图 8-101

8.5.2 绘制背景素材

步骤1：新建一个图层，从几个框架部分逐级绘制。选择"贝塞尔"工具✎绘制基础单元，如图8-102所示。沿着草稿中桥的位置绘制一条曲线，将基础单元结构沿着曲线进行复制，制作桥结构，如图8-103所示。

图 8-102

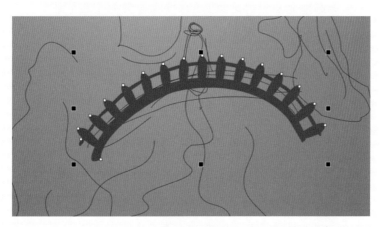

图 8-103

步骤2：用"椭圆形"工具◯绘制一轮圆月，如图8-104所示。

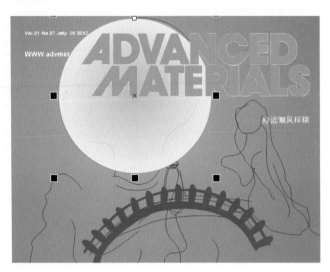

图 8-104

步骤3：用"手绘"工具 ┼ 绘制水流，水流越是随机，越是自然越好，用"贝塞尔"工具或者"钢笔"工具太过于刻意，"手绘"工具沿着草稿的大趋势绘制即可，如图8-105所示。同样用"手绘"工具为图像增加远山，如图8-106所示。

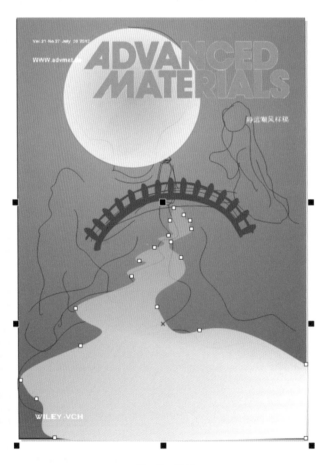

图 8-105

科技绘图/科研论文图/论文配图设计与创作自学手册：CorelDRAW篇

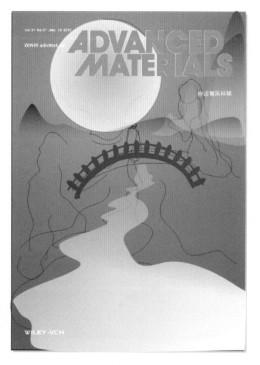

图 8-106

步骤4：用"手绘"工具绘制牛郎和织女的人物剪影，对人物角度不够有把握的可以找参考图，按照参考图来绘制，如图8-107所示。这两个人物先画最简单的轮廓，再根据画面看是否需要更丰富的结构。

步骤5：在图像下方增加细节丰富的荷花与荷叶，为画面增加空间层次，如图8-108所示。

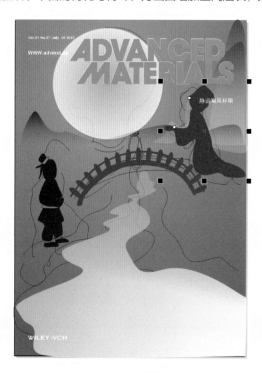

图 8-107

图 8-108

8.5.3 将科学信息融入图中

步骤 1：关掉草稿图层，为画面增加更多细节，如图8-109所示。

图 8-109

步骤2：在这个图像基础上首先要把科学信息巧妙地融合进去，再基于科学信息来精修画面。当前画面中心位置的桥是眼睛最先看到的位置，在这个位置绘制一个宝瓶，用它来汇聚信息，如图8-110所示。在原本故事中喜鹊本身构建了桥帮助牛郎和织女相见，在这篇科学的故事中，我们需要喜鹊来完成带领离子的作用，喜鹊将牛郎和织女手中的离子放在桥中间的宝瓶中，是这个故事的新主题，在这个主题中更重要的环境是融合，是融合之后形成的液态。

图 8-110

步骤3：围绕宝瓶，用离子和液体逐层丰富细节。将桥图层组复制，为宝瓶营造出一个更有空间，更容易产生分量感的立体结构，如图8-111所示。用"手绘"工具在水中绘制随机的图层，为水流增加不同色彩及透明度。

图 8-111

步骤4：为牛郎增加一副担子，将离子来自牛郎这一感受强化。同时将织女的手部抬高，让鸟儿从织女手中起飞，同样强化离子的来源点，如图8-112所示。

图 8-112

步骤5：为了更好地暗示电池领域的研究，将远处的一轮圆月替换成灯泡，太过于直白，轮廓分明的结构会让已经构建好的画面被破坏，用透明度工具将灯泡结构调整为若隐若现，如图8-113所示。

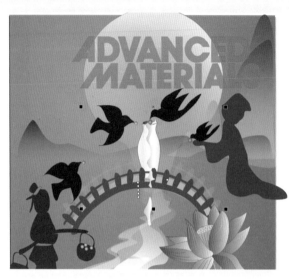

图　8-113

步骤6：为图像增加更多细节丰富画面，例如水中的倒影，空中缭绕的云雾，如图8-114所示。

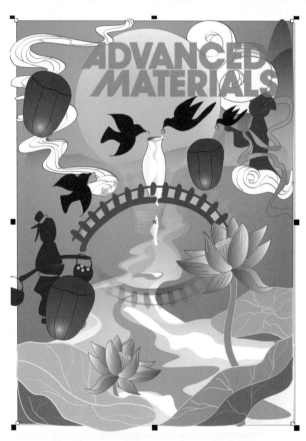

图　8-114

步骤1：为图像调整配色来看看是否有更好的色彩方案。选择背景色图层，用"属性"选项卡中的填充色调整渐变的颜色从而改变背景色，如图8-115所示。

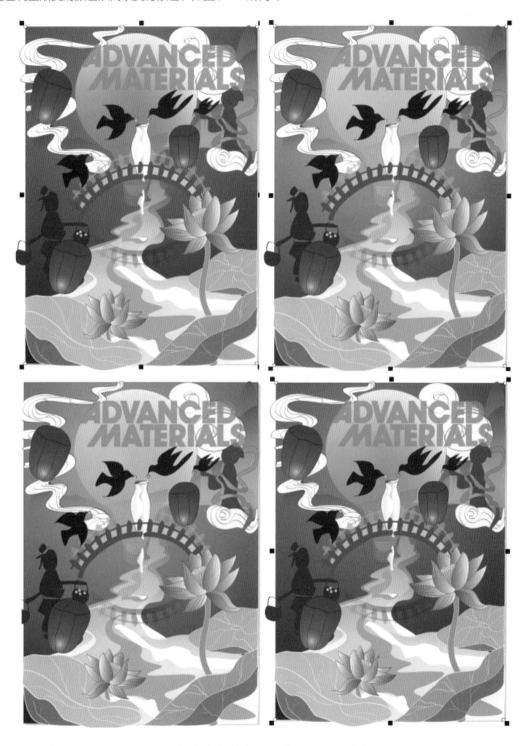

图　8-115

01

02

03

04

05

06

07

08

步骤2：选择菜单【效果】|【调整】|【色相/饱和度/亮度】命令，在弹出的【色相/饱和度/亮度】对话框中设置相应的参数，调整画面中需要进行调色的元素组，如图8-116所示。

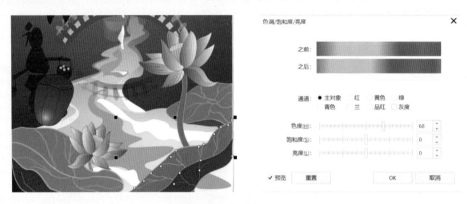

图 8-116

步骤3：太多的装饰信息虽然有丰富画面的作用，符合常规的中国风画面风格，但科技图像的需求是科学信息，为了更好地提炼出科学信息，需要对图像做一些减法，如图8-117所示。

图 8-117

标题模板在设计的过程中需要一直存在，才能准确地把握图像构成，才能准确地判断效果。最终导出图像时需要关闭图像模板，导出单纯的图像文件，期刊出版社在每一期出版时会增加不同的期卷号，有些杂志也会为了搭配封面图像设计不同的标题风格。